本书得到教育部人文社会科学研究青年基金项目（项目号：19YJC870018）、信阳农林学院青年基金项目（项目号：201802001）"基于引文内容分析的交叉学科知识生长路径和融合模式研究"资助
信阳农林学院"区域经济和知识服务科技创新团队"研究成果之一

U0731445

基于潜在主题的交叉学科知识组合与知识传播研究

商宪丽　著

郑州大学出版社

图书在版编目(CIP)数据

基于潜在主题的交叉学科知识组合与知识传播研究 /
商宪丽著. —郑州：郑州大学出版社，2022.9
ISBN 978-7-5645-8440-5

Ⅰ．①基…　Ⅱ．①商…　Ⅲ．①交叉科学 - 知识传播 -
研究　Ⅳ．①G301

中国版本图书馆 CIP 数据核字(2022)第 008617 号

基于潜在主题的交叉学科知识组合与知识传播研究
JIYU QIANZAI ZHUTI DE JIAOCHA XUEKE ZHISHI ZUHE YU ZHISHI CHUANBO YANJIU

策划编辑	孙理达	封面设计	苏永生
责任编辑	孙　泓	版式设计	苏永生
责任校对	胡佩佩	责任监制	李瑞卿

出版发行	郑州大学出版社	地　　址	郑州市大学路 40 号(450052)
出 版 人	孙保营	网　　址	http://www.zzup.cn
经　　销	全国新华书店	发行电话	0371 - 66966070
印　　刷	河南龙华印务有限公司		
开　　本	787 mm×1 092 mm　1 / 16		
印　　张	9	字　　数	210 千字
版　　次	2022 年 9 月第 1 版	印　　次	2022 年 9 月第 1 次印刷

书　　号	ISBN 978-7-5645-8440-5	定　　价	58.00 元

前 言

　　近现代科学的发展过程在不断分化的同时,亦涌现出一些打破学科界限或研究领域边界的科学研究活动,并逐步发展成为交叉学科。交叉学科研究已成为现代科学发展的主要方向之一,属于科学的前沿领域。在此背景下,研究交叉学科知识创新规律和运行机制将有助于进一步促进交叉学科的繁荣发展。从本质来看,交叉学科中的知识创新是相关基础学科知识输入、组合、融汇的结果。对交叉学科的知识组合结构和知识传播进行研究,能从创新源头上剖析交叉学科的运行机制,揭示交叉学科发展规律。鉴于此,本研究将从交叉学科研究文献内容中识别出潜在的研究主题,以主题为视角,通过挖掘主题之间的联系,揭示交叉学科中知识组合和知识传播的结构和规律,以窥探交叉学科的运行规律。

　　本研究以主题为切入视角,剖析交叉学科中的知识组合和知识传播结构。首先提出构建整合交叉学科和基础学科研究文献的集成数据集,从中识别出交叉学科中的潜在主题。接着,从两个分析路径剖析主题之间的相互关系:一是主题之间的共现关系。假设科学文献中的主题共现是一种知识组合的反映,在此假设基础上,通过构建主题共现网络研究了交叉学科中的知识组合结构以及跨学科知识组合模式。二是主题之间的引用关系。主题引用关系象征主题之间的科学知识传播,通过构建主题引用网络研究了交叉学科的知识传播结构。

　　本书选择数字图书馆学科这一较为成熟的交叉学科作为示例学科,在每一章节中进行实证研究。通过实证研究发现,LDA 主题模型能够较好地识别出数字图书馆学科中的潜在主题。本文以主题为观察粒度,由主题共现网络、学科–对象–方法主题网络和主题引用网络分析组成的交叉学科知识组合和知识传播分析框架能够从细粒度上观察数字图书馆学科中的知识组合关系,识别知识组合模式和剖析知识传播结构,最后对全文进行了总结,并提出本研究的不足和未来研究展望。

本书在编著过程中,引用和参考了大量的文献资料和研究成果,在此向各位作者致谢。参考文献如有遗漏,谨向作者致歉。由于自身水平有限,加之时间紧迫,书中可能有一些不尽如人意的地方,恳请各位专家读者批评指正。

目　录 ◼

第 1 章 绪论

1.1 研究背景与选题意义

近现代科学发展过程伴随着科学的不断分化,其典型表现为学科划分,各学科拥有特定的研究群体、科学问题、研究方法等。然而,20 世纪以来现代科学中涌现出一些打破学科界限或研究领域边界的科学研究活动,其本质是为解决不断深化的科学技术问题和社会问题而进行的多学科相互融合、互相渗透。这种研究活动,即为"跨学科研究",体现了科学的综合化发展趋势。随着越来越多的研究者进入这一跨学科研究领域,跨学科知识逐步整合,当达到一定程度后,该跨学科研究领域发展成为一门新兴学科,即"交叉学科"。

交叉学科研究已成为现代科学发展的主要方向之一,属于科学的前沿领域。在目前比较成熟的学科中有近半为交叉学科,且仍在不断发展中。当今较多热门研究领域均涉及到交叉学科研究,例如纳米技术、基因组学与蛋白质组学、神经系统科学等。从各国的研究投入来看,交叉学科受到广泛重视。比如,美国卫生研究院(National Institutes of Health, NIH)建立起多个交叉学科研究中心;英国等国家相继成立交叉学科研究中心;我国政府资助的重大科学前沿问题中包含多个交叉学科研究方向。从研究成果来看,交叉学科研究创造了大量的新知识、理论、方法和技术。以诺贝尔奖为例,交叉学科领域占 20 世纪最后 25 年的 95 项自然科学奖中的 45 项。

在此背景下,研究交叉学科知识创新规律和运行机制将有助于进一步促进交叉学科繁荣发展。从本质来看,交叉学科中的知识创新是相关基础学科知识输入、组合、融汇的结果。对交叉学科的知识组合结构和知识传播进行研究,能从创新源头上剖析交叉学科的运行机制,揭示交叉学科发展规律。在现代科学交流环境中,期刊论文、学术会议论文等交流载体内容中体现出学科领域中的主要研究主题,同时文献间引用机制反映出研究成果之间的知识传播关系。鉴于此,本研究将从交叉学科研究文献内容中识别出潜在的研究主题,以主题为视角,通过挖掘主题之间的联系,揭示交叉学科中知识组合和知识传播的结构和规律,以窥探交叉学科运行规律。本研究具有如下意义:

一是理论意义。①扩展交叉学科研究视角。将现有交叉学科研究视角从文献、作者、关键词等孤立计量单元上升到主题层次,是一种介于学科与计量实体之间的中观视角。②促进相关学科发展。本研究本身是情报学和科学计量学的交叉结合,不仅在理论上进一步揭示交叉学科的潜在规律和运行机制,同时在方法上深度应用了情报学方法和技术,扩展了科学计量学研究方法,有利于情报学和科学计量学学科发展,具有重要的学科价值。③丰富交叉学科理论,拓展研究方法体系。本研究从交叉学科的跨学科合作与研究主题入手,揭示交叉学科的知识结构特征,并综合运用文本挖掘、社会网络分析和传统科学计量方法构建一套较为完整的交叉学科知识组合和知识传播研究方法体系,增强了交叉学科研究方法体系。另外,所揭示的交叉学科知识组合和知识传播规律,有助于丰富交叉学科理论体系。

二是实际应用意义。①本研究的方法体系能够应用于具体的交叉学科分析之中,帮助科研人员理解学科主题结构和合作结构,指导科研人员选择研究主题和合作对象,提升科研人员的工作效率和成果产出,促进科研创新。②在各级科研管理部门应用本课题成果,能为交叉学科团队组建、学科方向引导与建设、科研经费资助等具体科研管理工作提供决策支持,促进国家交叉学科研究和科学事业的繁荣发展。

1.2 国内外研究现状

当交叉学科逐渐兴起时,科学学和科技哲学领域的早期研究者们主要通过观察交叉学科现象,以交叉学科的整体规律和特征为研究重点,逐步在理论层面认识交叉学科、理解交叉学科的内涵。这些研究的主题涵盖跨学科研究和交叉学科及相关概念的定义和辨析①、交叉学科在整个科学版图中的发展状态及学科类型划分②、人才结构③;跨学科研究模式④等。同时,在不同的学科内部,学者们结合各自所在领域的科学研究进展,对交叉学科的学科边界、学科基础以及交叉学科的组织建设、实践项目等问题也展开了广泛的讨论。通过对这些方面的不同角度、不同层次的深入探索和思考,现有研究对于交叉学科的宏观理论层面认识渐为成熟。

近年来信息技术的雨后春笋般发展和数字化学术资源库的开发运营,使得科学计量研究可利用的工具和数据资源越来越多,科学计量学焕发出蓬勃生机,其研究范式的主要特征在于从真实学术数据中观察和发现科学本身的规律,以揭示科学的运行机制。这种实证研究范式与理论研究的宏观把握不同,它通过科研人员、学术文献、期刊、学科等角度观察科学中的学术生产活动、学术传播及交流活动等科学世界中的微观现象,运用数理方法进行量化分析,自底向上地提炼和总结关于科学本身的规律。科学计量学的发展为定量研究交叉学科打下了相应的理论和方法基础。

近年来,国内外研究较少从主题角度来研究交叉学科的知识结构和知识传播。与本

---

① 郭强. 跨学科和超学科研究[J]. 国际学术动态, 2012 (2): 27 – 31.
② 王续琨, 常东旭. 远缘跨学科研究与交叉科学的发展[J]. 浙江社会科学, 2009 (1): 16 – 21.
③ 陈宪宇. 跨学科复合型电子商务人才培养模式探索[J]. 商场现代化, 2011 (6): 109 – 110.
④ 赵晓春. 现代科学跨学科研究的模式探析[J]. 中国科技论坛, 2008 (11): 89 – 92.

研究相关的研究一般来自于较泛的研究方向,包括:①学科领域的主题识别研究,主要为一般学科领域而非交叉学科识别出主题;②跨学科合作研究现状;③学科领域的知识传播研究现状。针对这些研究方向,本书做出如下研究现状综述。

1.2.1 学科领域的主题识别研究现状

根据学科领域的研究文献识别出学科领域的研究主题一直以来便是一个重要研究问题[①]。在早期的研究中,文献关键词是识别主题的一个重要依据。文献关键词承载着一定的语义,通过文献分析研究主题时最简单的方法是将文献的关键词视为研究主题。但是,这种方法存在着较多问题:作者关键词存在较大的主观性,不同作者使用不同的术语;关键词数量过多,不便于研究分析。因此,需要一种比关键词粒度更高的主题表示和分析方法。从现有研究来看,交叉学科领域主题识别方法主要包含文献计量方法和文本挖掘方法两大类。

1.2.1.1 文献计量方法

文献计量方法是通过对文献中各种计量实体进行统计分析发现研究主题的方法。这些实体包括关键词、作者、论文、期刊等,在揭示研究主题时采用的主要实体是承载着语义的关键词。一些研究将关键词视为文献的研究主题,进而采用关键词来分析学科中的研究主题。Wang 等[②]利用关键词来表示纳米研究的五个研究方向中的主题,并在集合关系的基础上衡量五个方向的研究关系。简单地利用关键词来表示研究主题存在一些不足,例如,关键词之间的语义关系无法体现,关键词的语义粒度不一致,关键词数量过多会造成一些分析困难。

文献计量方法中使用最为频繁的经典方法是共词分析法[③]。共词分析法是通过分析关键词共现信息寻找文献主题的方法,该方法的一个优势是较为方便地进行可视化分析。共词分析法的经典步骤包括:①通过限定学科分类范围和时间等确定待分析文献;②获取文献关键词,并利用合并、清洗、去除非常用词等方式选择合适的关键词集合,不在该关键词集合的词不予考虑,在此基础上构建文档 – 关键词矩阵;③将文档关键词矩阵转化为关键词共现矩阵,基于该矩阵定义关键词之前的相似性,以此为输入调用层次聚类算法,通过关键词聚类反映研究主题。

由于共词分析法原理上较为严谨,操作上相对容易,该方法已被应用分析多个交叉学科的研究主题。Lee 和 Jeong[④] 将共词分析法应用在 2001 年韩国国家研发项目元数据

①Small H. Tracking and predicting growth areas in science[J]. Scientometrics, 2006, 68(3): 595 – 610.

②Wang L, Notten A, Surpatean A. Interdisciplinarity of nano research fields: a keyword mining approach[J]. Scientometrics, 2013, 94(3): 877 – 892.

③Callon M, Courtial J P, Laville F. Co – word analysis as a tool for describing the network of interactions between basic and technological research: The case of polymer chemsitry[J]. Scientometrics, 1991, 22(1): 155 – 205.

④Lee B, Jeong Y I. Mapping Korea's national R&D domain of robot technology by using the co – word analysis[J]. Scientometrics, 2008, 77(1): 3 – 19.

中,构建了机器人技术研究主题,并构建了战略发展图以展示各研究主题间关系和演进趋势。Liu 等[1]运用共词分析法识别出了 2002—2011 年间中国数字图书馆领域的主要研究主题,并进行了主题热度、密度等分析。Su 和 Lee 等[2]将共词网络和一种二维知识图谱整合成一种新的知识结构可视化方法,可以从作者关键词、机构关键词和国家关键词等多个维度进行分析,并以技术预见研究领域为例展示了这种知识结构可视化分析方法的有效性。An 和 Wu[3]通过区分主要和次要主题词,赋予不同权重,并利用信息熵辅助专家选择共词分析所使用的关键词集合,以此改进共词分析方法,并用于干细胞研究领域的研究趋势分析。尽管共词分析法较为简单有效而且操作规范,但同时也有数据缺失(论文关键词缺失)和人工判断工作过多等不足之处[4]。

共词矩阵的另一种表现形式是共词网络。随着社会网络分析方法和复杂网络方法的兴起,一些研究尝试从网络结构中去挖掘出网络中的集聚形态的关键词簇,并将这些关键词簇理解为研究主题。孙海生[5]通过引文分析方法寻找到情报学的《情报学报》和《情报科学》期刊文献中引用计算机科学和科学学两学科的文献,利用这些文献构建关键词共现网络,通过社会网络分析中的凝聚子群分析方法的派系分析,将关键词聚类视为研究主题,运用此方法识别出情报学引用计算机科学和科学学等两个学科中的研究主题。该方法是在单一学科内部寻找到其他学科的关键词,从而提取出学科交叉中的研究主题。李长玲等[6]认为交叉学科之间存在着知识重叠,以情报学和计算机科学为例,首先通过学科间相互引用论文收集两个学科的交叉领域的相关论文构建数据集,一方面通过关键词词频分析,另一方面在共词网络上运用重叠社区识别算法 CFinder 发现重叠社区,以此表示研究主题,从而得到情报学与计算机科学的交叉研究主题。李长玲等[7]也采用了核心边缘模型在共词网络中识别出重要的关键词,进而总结得到两个学科交叉的研究主题。

基于关键词的方法的不足在于从学科内部关键词出发,所得到的结果并不一定就属于被引用学科,其结果解释存在较多的人工干预过程。因此,在关键词粒度之外,一些研究也采用其他计量实体来表示研究主题。其中,共被引网络分析认为共同被其他文献引

①Liu G Y, Hu J M, Wang H L. A co – word analysis of digital library field in China[J]. Scientometrics, 2012, 91(1): 203 – 217.

②Su H N, Lee P C. Mapping knowledge structure by keyword co – occurrence: a first look at journal papers in Technology Foresight[J]. Scientometrics, 2010, 85(1): 65 – 79.

③An X Y, Wu Q Q. Co – word analysis of the trends in stem cells field based on subject heading weighting[J]. Scientometrics, 2011, 88(1): 133 – 144.

④Piepenbrink A, Nurmammadov E. Topics in the literature of transition economies and emerging markets[J]. Scientometrics, 2015, 102(3): 2107 – 2130.

⑤孙海生. 情报学跨学科知识引用实证研究[J]. 情报杂志, 2013, 32(7): 113 – 118.

⑥李长玲, 刘非凡, 郭凤娇. 运用重叠社群可视化软件 CFinder 分析学科交叉研究主题:以情报学和计算机科学为例[J]. 图书情报工作, 2013 (07): 75 – 80.

⑦李长玲, 郭凤娇, 支岭. 基于 SNA 的学科交叉研究主题分析:以情报学与计算机科学为例[J]. 情报科学, 2014, 32(12): 61 – 66.

用的两篇文献具有研究主题相似性,以此假设为基础可以构建共被引网络,该网络反映了文献之间的主题相似性,在此网络基础上可以挖掘得到文献簇来表示研究主题[1]。Chi和 Young 等[2]利用共被引网络分析从 1980—2010 年间跨文化关系研究领域中识别出了该领域的主要研究主题以及主题之间的关系。该方法以共被引文献簇(集合)来表示研究主题,通过文献间的共被引关系发现研究主题之间的关系,构建研究主题关系网络,进而对共被引网络结构进行分析,识别出跨文化关系研究领域的核心研究文献簇,发现该核心文献簇与其他类别间存在着广泛的联系且跨多个学科分类。通过分析从不同时间段文献识别出的研究主题,观察到该研究领域的演化路径是从这个核心文献簇出发,逐渐倾向于心理学、商业与经济等,并远离语言教育和传播学等。

共被引网络分析方法的不足在于以文献集合来反映研究主题,对文献集合的解释需要人工进行解析,不利于自动计算;同时,另一个不足在于这种研究主题并不是直接基于文献的内容相似性,而是从外部使用角度来体现文献相似性,存在较大的语义误差,同一文献簇中的文献并不一定具有较强的语义相似性,因此对于研究主题表示的有效性有待进一步评估。

1.2.1.2 文本挖掘方法

文献计量的方法并没有利用文献内容信息,而仅从文献题录中提取并解释研究主题。然而,文献内容事实上才是体现文献语义的最直接的数据源。文本挖掘方法则借助各种文本挖掘算法尝试从研究文献的文本内容中提取出学科领域的研究主题。利用概念格方法,邵作运和李秀霞[3]运用引文耦合分析方法寻找到计算机和情报学交叉研究的相关文献,从论文关键词中抽取得到作者关键词信息,进而构建作者 – 关键词概念格Hasse 图,通过概念格聚类分析得到计算机和情报学交叉领域的相关研究主题,主要包括用户研究与信息推送、信息检索与技术、信息系统与门户、知识表达与本体技术、数据挖掘与知识发现、信息资源的组织管理、知识管理与知识服务以及评价研究与技术。该方法将交叉领域的研究主题理解为交叉学科的知识结构,其中研究主题采用概念格的聚类表示。

在其他文本聚类方法上,魏建香等[4]提出一种基于文本挖掘的学科交叉知识发现模型,该模型主要包含学科交叉文献发现和学科交叉知识发现两部分。学科交叉文献发现方法在文献关键词基础上构建聚类模型,得到学科交叉文献聚类,从而识别两个学科的交叉文献。学科交叉知识发现包含了学科交叉点挖掘和新的研究热点发现两部分,采用

①Van den Besselaar P, Heimeriks G. Mapping research topics using word – reference co – occurrences: A method and an exploratory case study[J]. Scientometrics, 2006, 68(3): 377 – 393.

②Chi R, Young J. The interdisciplinary structure of research on intercultural relations: a co – citation network analysis study[J]. Scientometrics, 2013, 96(1): 147 – 171.

③邵作运, 李秀霞. 基于引文耦合和概念格的学科交叉知识结构探测[J]. 图书情报工作, 2015, 59(8): 78 – 86.

④魏建香, 孙越泓, 苏新宁. 学科交叉知识挖掘模型研究[J]. 情报理论与实践, 2012, 35(4): 76 – 80.

关键词聚类发现学科交叉点,利用突现词识别方法发现新兴研究热点。该模型仅利用了文献关键词,并没有利用整篇文献内容建模。Wang 等① 采用层次聚类算法和本体相结合的方法,从文献关键词信息中提取出研究领域的主题结构,并将该方法应用于中国信息科学和图书馆学学科的主题结构分析中。

近年来,潜在 Dirichlet 分配模型(LDA)② 是一种从文本中直接对主题建模的方法。随着 LDA 在社会科学和文本挖掘方法的广泛应用,较多研究也开始将 LDA 应用于学术信息中,识别其中的研究主题。Piepenbrink 和 Nurmammadov③ 采用主题模型中的 LDA 模型从 1995 至 2012 年间近 6000 篇文献中识别出转轨经济和新兴市场相关的 15 个研究主题,并从范围、学科和地理三个维度进行了主题分析。主题模型分析方法与文献计量方法的不同之处在于它利用了文献中的所有内容(即词项)而非仅仅文献关键词,同时同一篇文献可以归属于多个主题,且赋予了一定的概率分布和排序特征,这些信息可用于相关的定量分析。在交叉学科方面,Song 和 Kim④ 利用 LDA 模型识别出了生物信息学核心期刊文献中的研究主题,并通过主题分析发现生物信息学的研究主题更倾向于生物学方面,而非计算方面。

1.2.2 跨学科合作研究现状

跨学科合作研究是交叉学科得以产生的基础。国内外较多学者以跨学科合作研究为对象展开了各个角度的定量研究。一方面,在学科层次中,识别出学科所关联的其他学科的分布情况。交叉学科的关联学科分布是指交叉学科研究所涉及的其他学科以及不同学科的相关性程度。从量化的角度,交叉学科文献的部分元数据能够体现所涉及到的学科,例如作者、关键词、学术数据库的分类索引(如 PACS 和 UDC 分类号)或者学科分类号等。基于这些信息可以统计相关的学科的文献量,以此反映不同学科的相关性程度,属于某一学科的文献量越大,交叉学科与该学科的关联性越大。例如,Mryglod 等⑤ 分析了切尔诺贝利灾难研究所涉及的相关学科分布情况。第二方面,是探索对跨学科合作研究中所表现出的规律。较多研究在交叉学科中观察到了跨学科合作现象⑥,并逐步开展这种跨学科合作背后的各种规律。例如,代君等⑦ 通过交叉学科中跨学科合作的学科

①Wang H, Deng S, Su X. A study on construction and analysis of discipline knowledge structure of Chinese LIS based on CSSCI[J]. Scientometrics, 2016, 109(3):1725 – 1759.

②Blei D M, Ng A Y, Jordan M I. Latent dirichlet allocation[J]. Journal of machine Learning research, 2003, 3 (Jan):993 – 1022.

③Piepenbrink A, Nurmammadov E. Topics in the literature of transition economies and emerging markets[J]. Scientometrics, 2015, 102(3):2107 – 2130.

④Song M, Kim S Y. Detecting the knowledge structure of bioinformatics by mining full – text collections[J]. Scientometrics, 2013, 96(1):183 – 201.

⑤Mryglod O, Holovatch Y, Kenna R, et al. Quantifying the evolution of a scientific topic:reaction of the academic community to the Chornobyl disaster[J]. Scientometrics, 2016, 106(3):1151 – 1166.

⑥Madsen D, Ho S M. Interdisciplinary practices in iSchools[J]. iConference 2014 Proceedings, 2014.

⑦代君, 叶艳. 跨学科行动计划下的合作演进特征测度:以 TREC1 为例[J]. 图书情报知识, 2014, 6:012.

层次分布、合作紧密度以及学科交叉度与合作紧密度来综合观察跨学科合作的演进阶段和发展过程。

对于跨学科合作研究的一个重要主题是对跨学科性进行测度。一般从多个方面衡量跨科学特征,包括多个学科知识交叉的广度和深度、知识跨学科分布与扩散特征等①。目前,跨学科性衡量指标有多种,其中较为常见的主要包括合作度、专业度、整合度、赛尔顿系数和布里渊指数等②。其应用也较广,例如在跨学科文献识别方面,Nanni 等③提出一种基于文本分类的方法根据博士论文摘要来识别所涉及的主要和次要学科,以及预测该博士论文是否属于跨学科研究。Molas – Gallart 等④通过对英国 15 项社会科学研究投入(包括项目、机构等)进行深入分析,剖析研究驱动、认知距离、整合程度、合作行为、利益相关者参与度与影响类型之间的关系。研究表明,跨学科性并未表现出与单个学术影响类型有关,亦即跨学科研究并未带来理想的社会影响。同时,该研究也发现,长期性的跨学科性由于其问题的专注性和与利益相关者的高度互动,而表现出较强的社会影响。通过对于跨学科性的研究,揭示了交叉学科研究对于科学研究活动的贡献。

然而,现有研究中较少从主题视角来研究交叉学科的跨学科性测量指标。Xu 等⑤将文献标题和摘要中的关键词视为文献主题词,提出一种结合词项学科分布和频次的主题词学科交叉性指标,利用该指标发现学科的交叉性主题。在该指标基础上,结合共词网络、学科高频词共现网络指出三种新的指标,用于分析交叉学科中各个研究方向或者关联学科的主要研究主题,基于学科高频词共现网络还能探寻学科之间的主题关联。在分析不同时间各项指标以及共词网络、学科高频词共现网络的基础上,揭示出学科内研究主题的演化以及两种网络中主题词的变化。该研究中的各种指标,可以用来细致地分析学科的研究主题和观察其演化过程。Nichols⑥利用主题模型方法识别出美国自然科学基金社会、行为和经济科学类别 2000 年至 2011 年资助项目申请书中的 923 个主题,并找到每个申请书的主题及权重,在确定主题与学科间关系基础上识别出申请书的所属学科,并以此扩展 Stirling 跨学科多样性评价指标⑦用于评估申请书的跨学科性。该指标考虑了学科间距离,学科分布的平衡性和学科的变化性,其中学科间距离通过主题之间的学科关系进行衡量。运用该方法,Nichols⑥进一步分析了不同类型的资助项目申请书中

---

① 李江. "跨学科性"的概念框架与测度[J]. 图书情报知识, 2014 (3): 87 – 93.

② 杨良斌, 金碧辉. 跨学科测度指标体系的构建研究[J]. 情报杂志, 2009 (7): 65 – 69.

③ Nanni F, Dietz L, Faralli S, et al. Capturing interdisciplinarity in academic abstracts[J]. D – lib magazine, 2016, 22(9/10).

④ Molas – Gallart J, Tang P, Rafols I. On the relationship between interdisciplinarity and impact: different modalities of interdisciplinarity lead to different types of impact[J]. arXiv preprint arXiv:1412.6684, 2014.

⑤ Xu H, Guo T, Yue Z, et al. Interdisciplinary topics of information science: a study based on the terms interdisciplinarity index series[J]. Scientometrics, 2016, 106(2): 583 – 601.

⑥ Nichols L G. A topic model approach to measuring interdisciplinarity at the National Science Foundation[J]. Scientometrics, 2014, 100(3): 741 – 754.

⑦ Stirling A. A general framework for analysing diversity in science, technology and society[J]. Journal of the Royal Society Interface, 2007, 4(15): 707 – 719.

的跨学科合作类型占比,并选取了 6 个申请大类,考察其跨学科性指标,进而利用学科合作网络分析了大类内部不同学科的具体合作情况。该研究的特色在于不依赖人工指定的学科划分,而通过申请书内容运用文本挖掘方法识别出主题,通过主题去识别申请书所涉及的学科,是一种自底而上的客观方法。

1.2.3 学科领域知识传播研究现状

从狭义定义来看,学科领域知识传播是指科学出版物中承载的科学知识的应用和改变[1]。这种定义方式是基于科学正式交流渠道的方式,同时还有人际交流等非正式知识传播途径。这里主要针对科学正式交流环境下的知识传播。现有研究大多通过观察以文献引用、作者(以及其他实体,例如机构、国家)合作关系为传播方式的科学知识传播,所研究的知识传播对象涉及期刊、学科以及科研人员,主要观察科学传播过程中形成的静态分布特征和演化过程[2]。较多研究关注在定量化测度科学知识传播方面,主要包括两类指标。一种是构建以文献引用为基础的学科领域间引用网络或者以科研合著为关系的合著网络,进而运用社会网络分析指标中的密度、中心性、连通性、聚集系数等网络指标来测度知识传播。例如,如王亮等在引文网络基础上根据引用的延时效应赋予引文边权重形成加权时序网络,进而在该网络拓扑结构中个体层次和整体层次两方面构建科学知识传播速度指标[3]。另一方面,是从传统情报学和科学计量学的角度,采用计量的方式提出一些新指标衡量科学知识传播,例如布里渊指数[4]和引文半衰期[5]等。也存在一些根据知识流动的角度来衡量科学知识传播的研究,例如王旻霞和赵丙军以文献引用反映知识流入和流出,并通过知识流入量、流出量、流动广度、流动强度、流动速度等指标探索交叉学科知识交流特征[6]。一些研究也将交叉学科作为示例进行了相关分析。

将研究主题作为一种评价粒度,是一种更为精细的评价方式,不同计量实体在不同主题中可能具有不同的学术影响力。然而,从主题角度研究知识传播还相对较少。例如,Yan 在论文-期刊-作者异质网络上,运用 PageRank 算法评价学科中各个主题的论文、期刊和作者[7]。另一方面,在主题层次上,同一学科领域中的不同主题可能表现出不同的引文模式。学者对此关注较少,仅 De Battisti 等在文献和引文信息基础上分析统计

①Chen C, Hicks D. Tracing knowledge diffusion[J]. Scientometrics, 2004, 59(2): 199-211.
②陈柏彤, 张斌. 科学知识扩散研究框架[J]. 图书情报工作, 2014, 58(15): 48-57.
③王亮, 张庆普, 于光, 等. 基于引文网络的知识扩散速度测度研究[J]. 情报学报, 2014, 33(1): 33-44.
④Brillouin L. Science and information theory[M]. Courier Corporation, 2013.
⑤Yu G, Wang M Y, Yu D R. Characterizing knowledge diffusion of Nanoscience & Nanotechnology by citation analysis[J]. Scientometrics, 2010, 84(1): 81-97.
⑥王旻霞, 赵丙军. 中国图书情报学跨学科知识交流特征研究:基于 CCD 数据库的分析[J]. 情报理论与实践, 2015, 38(5): 94-99.
⑦Yan E. Topic-based Pagerank: toward a topic-level scientific evaluation[J]. Scientometrics, 2014, 100(2): 407-437.

学学科中不同主题的引用模式①。同时,揭示主题层次的引用关系也是一种剖析主题间知识传播关系的方法,Yan以此提出一种主题层次的知识传播图谱构建方法②。但是,当前主题层次的引文研究也未考虑交叉学科的特殊性,尚未研究基础学科与交叉学科之间的主题引用关系。

1.2.4 研究现状整体述评

综上所述,众多学者主要针对一般学科领域开展潜在主题识别研究,所涉及的是关于学科领域研究热点主题的识别、可视化呈现等③,以及应用在政策制定方面④。然而,现有研究较少在识别过程中考虑交叉学科中的跨学科特征,未结合交叉学科的特色识别交叉学科的研究主题,同时也较少分析交叉学科与相关基础学科是否存在主题层次的联系,针对交叉学科与基础学科之间的主题关联关注不足。

其次,较少研究从主题层次展开跨学科合作研究和知识传播研究。因而在这方面具体进一步深入的必要,尤其针对交叉学科而言,能够在主题层次深化理解交叉学科中跨学科合作和知识传播。

最后,在主题呈现和主题演化研究中,学者们多以独立的主题个体为研究对象,而较少讨论主题之间的共现关系。事实上,主题共现关系是交叉学科中的知识组合的反映。在主题层次的科学知识传播研究中,对交叉学科中的主题间引用关系关注较少,亦未考虑交叉学科知识传播的特殊性。

鉴于此,本书将以交叉学科为研究对象,以潜在主题为观察视角,根据交叉学科的跨学科特征识别其中的潜在主题结构,并以主题之间的共现关系和引用关系为出发点,深入剖析交叉学科中知识组合和知识传播结构。

1.3 研究内容与方法

1.3.1 研究目标与内容

本研究从交叉学科的跨学科性出发,以潜在主题为研究视角,从学科文献内容中挖掘交叉学科的知识组合和知识传播结构,揭示交叉学科运行规律。本研究的目标在于:①建立一套从交叉学科研究文献中识别潜在主题,多角度全方位分析交叉学科主题间

---

①De Battisti F, Ferrara A, Salini S. A decade of research in statistics:a topic model approach[J]. Scientometrics, 2015, 103(2): 413 – 433.

②Yan E. Research dynamics, impact, and dissemination:A topic – level analysis[J]. Journal of the Association for Information Science and Technology, 2015, 66(11): 2357 – 2372.

③Liu G Y, Hu J M, Wang H L. A co – word analysis of digital library field in China[J]. Scientometrics, 2012, 91(1): 203 – 217.

④Su H N, Lee P C. Mapping knowledge structure by keyword co – occurrence:a first look at journal papers in Technology Foresight[J]. Scientometrics, 2010, 85(1): 65 – 79.

共现关系和引用关系的分析方法体系;②运用该分析方法体系,探寻交叉学科知识组合结构,发现跨学科知识组合模式,剖析交叉学科知识传播结构,形成一种交叉学科知识结构深度剖析框架,揭示交叉学科运行机制;③展开交叉学科相关的案例研究,运用本课题研究成果,帮助科研人员理解交叉学科发展状态和趋势,为科研管理部门提供决策支持。

本研究的整体研究框架见图1-1。整体来看,主要的研究内容包括四个方面,分别是交叉学科潜在主题识别研究、基于主题共现的交叉学科知识组合结构研究、基于多模主题网络的交叉学科中跨学科知识组合模式研究以及基于主题引用网络的交叉学科中跨学科知识传播研究。下面详细总结了这几方面内容。

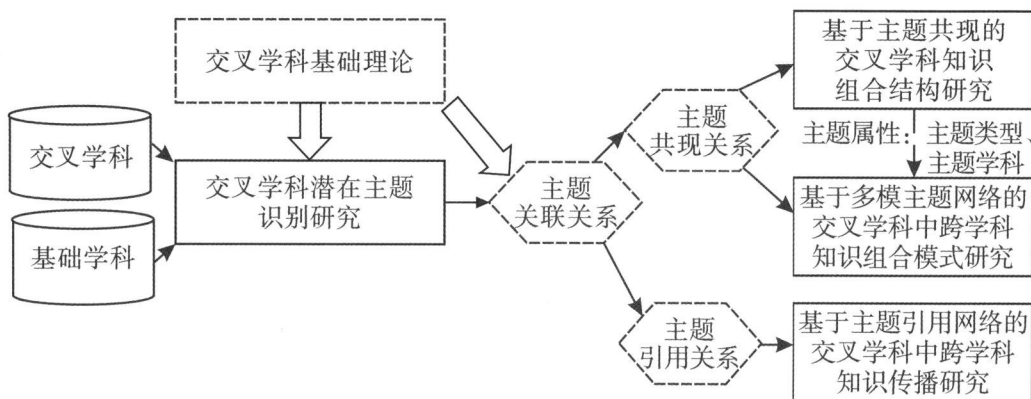

图1-1　本课题整体研究框架

(1)交叉学科潜在主题识别研究

本书将结合交叉学科的跨学科特征识别潜在主题,将这些潜在主题视为交叉学科的研究主题。首先,通过文献调研,归纳交叉学科相关基础理论,重点整理交叉学科知识整合、科学知识传播和跨学科性测度等理论。其次,借助专家知识以及期刊耦合分析、引文分析等文献计量方法寻找交叉学科的主要基础学科,并从学术数据库中检索得到交叉学科及其关联基础学科的研究文献作为交叉学科研究的集成数据集。再次,研究利用潜在狄利克雷分配(LDA)模型及其扩展主题模型从集成数据集中识别潜在主题的实践方法,采用主题平均距离、主题可理解性等多种定性和定量指标评价潜在主题识别效果。同时,通过设置概率阀值和约束主题数量从模型结果中识别出单篇研究文献的研究主题,结合文献作者、发表期刊等元数据确定研究主题涉及的作者及期刊,从而全面剖析交叉学科的研究主题及其构成。

(2)基于主题共现的交叉学科知识组合结构研究

交叉学科的主题共现关系是交叉学科知识创新过程中知识组合的体现,反映了交叉学科知识创新的运行机制。首先,结合知识元理论剖析交叉学科知识结构中知识的组合现象,在主题粒度上研究交叉学科中跨学科知识组合的本质。其次,以交叉学科研究文献中的研究主题共现关系为基础,采用矩阵表示法和图元组表示法构建交叉学科主题共现网络,以主题为节点,同一篇文献中任意两个主题之间建立连边,主题共同出现的文献数量作为边的权重。再次,借鉴社会网络分析方法和图挖掘算法,对交叉学科主题共现网络进行分析,揭示交叉学科知识组合的静态结构。主要包括:①运用节点中心性和随机游走算法,对不同研究主题的重要性进行量化排序,并阐释各个主题在整个交叉学科中的角色;②运用边权重分析识别频繁共现主题,理解交叉学科主题组合关系;③借助局部图的社群发现算法识别主题群落,发现主题集群结构,分析交叉学科中的知识簇现象。

(3)基于多模主题网络的交叉学科中跨学科知识组合模式研究

跨学科知识组合是交叉学科知识创新的重要特点,从主题关联角度研究有利于揭示知识组合模式。本书将在交叉学科主题共现网络基础上,进一步考虑主题属性,构建多模主题网络。拟考虑的主题属性包括:①主题类型,将主题划分为研究对象和研究方法两类;②主题学科,根据交叉学科及其关联基础学科中各主题中文献数量,结合专家经验定性地确定各个主题所属学科。通过网络节点分类,并引入学科节点,将主题共现网络转化为学科–对象–方法多模主题网络。在此基础上,利用多模网络挖掘算法对该网络进行分析,拟揭示的交叉学科跨学科知识组合模式包括:一是学科组合模式,以论文和主题等为统计单元,汇集在学科共现关系上,量化多模主题网络中学科间组合关系;二是主题类型组合模式,运用图论中节点和边的权重计算算法,量化分析研究对象和研究方法主题之间的组合模式,揭示研究对象与研究方法间知识组合规律。

(4)基于主题引用网络的交叉学科中跨学科知识传播研究

跨学科知识传播为交叉学科知识创新提供知识输入。首先,将交叉学科及关联基础学科的论文引用网络转换为主题引用网络,有向边权重为主题间引用文献数量。其次,借鉴期刊影响力指标(IF)、H指数等评价指标,在交叉学科内部,结合被引频次和施引主题数量构建主题影响力指标,主要评价交叉学科中主题对于其他主题的影响力,进而考虑主题的学科属性。针对基础学科主题,结合交叉学科引用频次、引用主题分布形成主题跨学科性影响力指标,用于评价基础学科主题对交叉学科的影响。最后,构建主题层次知识传播图谱,结合两种主题影响力指标可视化呈现交叉学科内部及整个集成数据集两种层次的主题引用网络,揭示交叉学科中跨学科知识传播结构和规律。

本书将选择数字图书馆学科这一较为成熟的交叉学科作为示例学科,运用交叉学科知识组合和知识传播分析框架开展案例研究,检验方法有效性。

1.3.2 研究思路

本研究遵从由现象识别到本质剖析、由易到难的科学研究路径,从交叉学科基础理论和识别潜在主题出发,分别探索交叉学科的知识组合结构、跨学科知识组合模式、知识传播结构等,一步步展开研究。总体的研究思路和方法如图1-2所示。

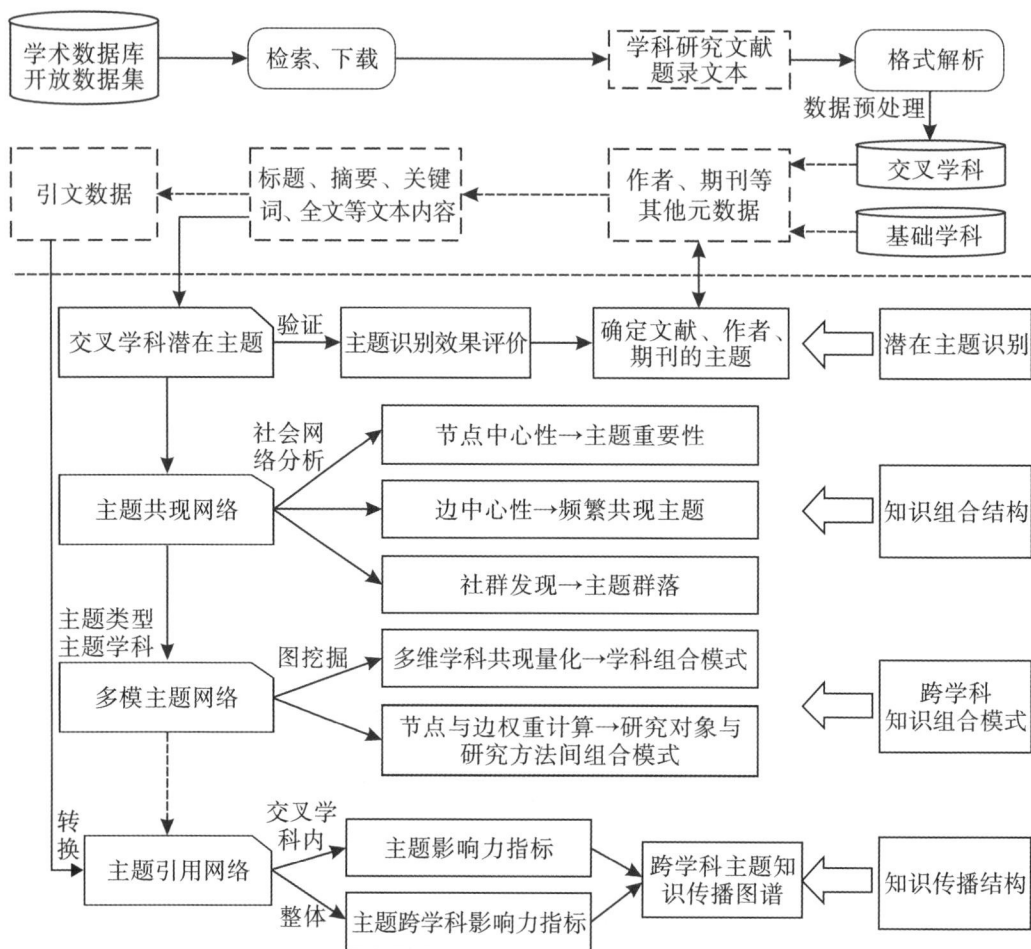

图 1-2 本课题总体研究思路

相关技术实现方案包括以下几个方面。

（1）数据集构建及预处理。学科文献数据来源将选择 Web of Science 学术数据库,通过文献检索和下载方式获取学科研究文献的题录文本。采用 Java 语言编程解析题录文本,结构化存入 MySQL 关系型数据库中,能够较为方便地读取文献元数据及其结构关系。

（2）潜在主题识别。主题模型工具将选择 JGibbLDA 开源软件,采用 Java 程序将文献标题和摘要等文本内容转化为软件的输入格式,并从软件输出结果中解析出主题识别结果,存入 MySQL 数据库中。

（3）网络构建和挖掘。采用 SCI2 和 Java 编程从题录文件中生成文献引文网络,进而通过数据库转化为主题引用信息,存入数据库。针对主题共现网络、多模主题网络、主题引用网络,通过数据库查询操作得到网络节点和边数据,并编程转化为稀疏矩阵格式,网络规模、分析算法、可视化呈现等不同需求,选择 UciNet、Gephi 等工具对各种网络进行挖掘。

1.3.3　研究方法

本书采取的研究方法主要有以下几种。

（1）文献调研法。通过文献检索、阅读与总结，了解和掌握相关的研究现状与不足。

（2）主题建模法。利用向量空间模型构建学科文献向量，构建潜在狄利克雷分配（LDA）模型对交叉学科文献内容进行主题建模。

（3）实验法。通过实验对比分析主题模型的参数、词项选择等对潜在主题识别效果的影响，获取最优参数。

（4）社会网络分析方法。针对交叉学科主题共现网络、主题共现网络、多模主题网络、主题引用网络等网络模型，运用社会网络分析方法的结构指标进行分析，所用工具采用社会网络分析工具 UciNet 和网络可视化分析工具 Gephi。

（5）统计分析法。对数据集和网络分析结果等进行描述性统计、显著性检验等统计分析。

（6）案例分析法。选择信息计量学、数字图书馆、生物信息学等多个交叉学科，开展案例研究，一方面检验和修正本课题提出的方法体系，另一方面对比总结交叉学科知识组合和知识传播规律。

1.4　创新之处

本书从交叉学科的主题视角，以主题共现为切入点，交叉学科的跨学科特征识别其中的潜在主题结构，并以主题之间的共现关系和引用关系为出发点，深入剖析交叉学科中知识组合和知识传播的静态结构。本研究的主要创新点在于构建了一套完整的交叉学科中知识组合和知识传播分析框架，具体而言包括以下几方面。

（1）提出利用集成数据集识别交叉学科潜在主题。传统的主题识别方法一般仅关注领域数据集本身。本书在文本挖掘的主题模型基础上，结合交叉学科的特征，构建集成交叉学科和相关基础学科研究文献的统一文本数据集，采用 LDA 主题模型识别交叉学科中的潜在主题。

（2）基于主题共现关系解析交叉学科中知识组合结构。目前国内外学者多认为学科领域中主题相互独立，但作为一个整体的学科领域，不同主题之间必然存在着某种关联，这种关联可以体现在知识组合过程中。尤其在交叉学科中，跨学科知识组合是交叉学科知识创新的重要运行机制。本书在主题共现关系基础上对主题共现建立网络模型，从而构建了一套完整的分析方法体系，全面剖析交叉学科中知识组合结构，并进一步引入主题学科属性和主题类型属性，识别出跨学科知识组合模式，包括研究方法与研究对象组合模式、学科间组合模式等两种主要模式。

（3）基于主题引用关系剖析交叉学科中跨学科知识传播结构。交叉学科主题关联的另一方面体现在主题之间的知识传播关系。本书以文献引用关系为基础，构建主题引用网络，通过主题影响力指标、主题跨学科性影响力指标，揭示交叉学科内部主题影响力以及外部主题对交叉学科的影响，利用主题层次的知识传播图谱详细观察交叉学科中的知识传播结构。

第 2 章 基础理论与方法

2.1 交叉学科的基础理论

2.1.1 学科与交叉学科概念

人类在探索未知世界过程中,不断总结得到认识客观世界和主观世界的经验,形成人类宝贵的财富——知识。随着人类认识世界的不断深入,探索范围越来越广,经过漫长历史累积下来的知识不断增多,内容所涉及的方面也越来越广,逐渐表现出了知识的分化。早在1213年,当时的巴黎大学将全体教员分为四大类,包括神学、医学、教会法以及艺术①,这种划分即是学术意义上"学科"分化的开始,每类教员代表了一个学科分支。本质上讲,这种学科的产生来源于现实需求,一方面为了适应学校教学管理,另一方面也能更好地管理不同科学人员所产生的科学知识。因此,从这种意义来看,一个学科代表的是人类积累的知识的一个分支,它为科学研究的专业技能、科学人员、项目、科学问题等科学活动中的各种元素提供了一种分类机制②。从科学历史发展来看,人类揭秘未知世界的好奇心从未停止,不断进行科学探索,促使产生了新的科学突破,产生的科学知识也持续不断地增长,整个科学中的学科呈现出持续演化和进化的状态。

"学科"一词从字面上来理解,包含两层含义:一是科学中的领域或分支,二是教育中的教学科目③。国内外学者也从多个角度对"学科"进行了剖析。其中关于学科体系的划分,不同学者亦提出了不同的划分方式。赵红洲从科学结构理论角度将科学分为基础科学、技术科学和应用科学三个门类,而每一个门类又拥有科学理论与技术两个方面④。在实践中,不同的管理机构诸如学术数据库和教育部门也拥有不同的学科分类体系。因此,关于学科的划分体系目前还没有统一的标准。刘仲林从综合性和一般性的视角,分析了学科概念的复杂性,认为学科的范畴既清晰又模糊,进而从三个维度剖析了这种模

---

① History of Education, Encyclopædia Britannica (1977, 15th edition), Macropaedia Volume 6, p. 337
② Wikipedia Discipline_(academia)[EB. OL]. https://en. wikipedia. org/wiki/Discipline_(academia). 2016/12/27.
③ 杜俊民. 试论学科与跨学科的统一[J]. 科学技术与辩证法, 2000, 17(4): 56-59.
④ 赵红洲. 论科学结构[J]. 中州学刊, 1981(03): 59-65.

糊性①:①学科的层次性,学科可以按研究范围和抽象程度高低进行层次性划分,呈现出超学科与子学科的结构,例如物理学学科中包含声学、光学等多个子学科;②学科的变化发展性,从学科层次来看,整个科学中的学科也发生着分化、壮大、衰落等演化过程,表现出学科发展的不同阶段,如潜在期、探索期、发展期、发达期和老成期等;③学科的交叉性,学科发展过程中必然呈现出交叉性,其本质原因在于学科并不是孤立存在的,学科内的知识与其他学科中不可避免地存在着一些关联。因此,学科的交叉性从学科的分化开始就固然伴随着。Leydesdorff 和 Goldstone② 通过对《认知科学》这一交叉学科研究期刊进行分析发现,认知科学的发展经历了从早期多学科知识融合到逐步发展出自身的专有研究特长。这一过程揭示了交叉科学发展的一个主要路径:由一个多学科交叉的研究领域成长为有自身研究领地的成熟交叉学科。

对于交叉学科的认识是从跨学科研究现象中受到启迪的。在科学活动的具体实践过程中,来自不同的、相对固化的学科中的科学家也可能开展被认为不属于所在学科范畴的科学研究活动,甚至某些科学研究涉及到多个不同的学科,需要应用多个学科的知识开展研究。近现代以来,这种通过两门或两门以上学科知识相互作用、相互结合的科学研究活动越来越多③。美国哥伦比亚大学 Woodorth 最初于 1926 年将这种超越已知学科边界且涉及两个或两个以上学科的科学实践活动现象定义为"跨学科(Interdisciplinary)"研究④。随后跨学科研究逐渐被科学家们所注意和重视,特别是近几十年来,大科学的发展使得跨学科合作研究变得越来越普遍,交叉领域的研究成果收获也颇丰。现代科学的发展越来越依赖跨学科研究,通过多学科知识的综合、渗透和交叉,实现科学技术研究和创新⑤。世界各国政府部门和研究机构积极重视跨学科研究,也制定了促进跨学科研究的相关政策,并加大了对于跨学科研究的投入。比如,美国卫生研究院(NIH)建立起多个交叉学科研究中心;英国等国家相继成立交叉学科研究中心;我国政府资助的重大科学前沿问题中也包含多个交叉学科研究方向。

跨学科研究不仅得到科学界的推崇,同时跨学科研究现象本身也成为科学学研究领域的一种重要的科学研究对象,从而开启了对于"跨学科研究"的研究,该研究是科学学的一个研究方向。不同学者从各自的角度对跨学科进行了深入探索,以其揭示其内涵,深入认识跨学科研究的本质。一种观点认为,跨学科研究是一种研究模式,在这种研究模式下,由研究团队或个体科研人员将多个学科的专业知识和研究实践中的"视角/概念/理论、与/或工具/技术、与/或信息/数据"等科研活动中的知识要素加以整合,其目的主要有两种:一是加快基础理解,二是解决单学科研究所不能解决的问题⑥。另一种观点

---

①刘仲林. 现代交叉科学[M]. 浙江教育出版社, 1998.

②Leydesdorff L, Goldstone R L. Interdisciplinarity at the journal and specialty level: The changing knowledge bases of the journal Cognitive Science[J]. Journal of the Association for Information Science and Technology, 2014, 65(1): 164 - 177.

③叶红波. 跨学科研究的兴起及其基本形式[J]. 工业技术经济, 1995 (6): 166 - 167.

④刘仲林. 交叉科学时代的交叉研究[J]. 科学学研究, 1993, (2): 11 - 18.

⑤文洪朝. 跨学科研究:当今科学发展的显著特征[J]. 西北工业大学学报:社会科学版, 2007, 27(2): 12 - 16.

⑥和晋飞, 房俊民. 一个跨学科性测度指标:作者专业度[J]. 情报理论与实践, 2015, 38(5): 42 - 45 + 41.

认为,跨学科研究是一种解决科学问题的科研过程,其特点是待研究的科学研究问题过于宽泛和复杂,需要从不同学科的视角出发,综合多种观点,以建立对这种复杂问题的全面理解和认知①。从跨学科研究发生的具体领域来看,跨学科研究可以发生在社会科学、自然科学、哲学科学、思维科学等各个科学部类内部(称为近邻跨学科研究),也可以发生在不同科学部类之间(称为远缘跨学科研究)②。

以学科为粒度进行观察,不同学科间跨学科活动所产生的新兴领域成长到一定阶段后,可以视为一个单独的学科,即称作"交叉学科"。由此看来,"跨学科研究"这一术语更多是指一种科研实践活动,而"交叉学科"则是这种跨学科实践活动的结果③。作为一种学科,交叉学科也限定了研究活动的领域。赵红洲认为交叉学科是指自然科学与社会科学或者人文科学交叉而结合成的综合学科,也被称为"软科学"④。本书认为这种定义属于狭义交叉学科,因为该定义仅指由远缘学科间的跨学科研究所产生的交叉学科,例如科学学、管理学、行为科学和系统科学等。然而,本书中的交叉学科指任意不同学科的交叉结合所产生的新兴学科,不仅包括远缘跨学科研究所产生的交叉学科,也包括近邻跨学科研究而形成的交叉学科。近年来备受关注的生物信息学、纳米科学与技术、生物医学工程等都是典型的交叉学科,这些学科也都是自然科学部类内部的跨学科研究发展而形成的。

与交叉学科相关的其他概念有边缘学科、综合学科、横断学科等⑤。其中,边缘学科是指在已有基础科学中相对成熟的两门或两门以上的学科相互渗透和综合产生的学科,原有基础学科可以是相邻学科,也可以是距离较远学科。边缘学科的例子包括:物理化学、生物化学、地球物理学、天体物理学等等。边缘学科概念的定义是以某些成熟学科而言的一种相对概念。综合学科是相对于自然界中特定的研究客体而言,以其为研究对象,综合采用各门学科中的理论知识、技术和实验方法对其进行研究的学科,例如环境科学、信息科学、材料科学、海洋科学等。而横断学科,也称为横向学科,是指一类概念、原理和方法等组成的学科,一般能适用于多个学科,即是横向贯穿于其他学科的科学,例如"三论"——系统论、控制论、信息论。综上可以看出,这些学科概念与交叉学科概念均有不同程度的重叠关系,但各自又并不完全等同⑥。边缘学科和综合学科与交叉学科类似,由多门学科综合渗透而成,横断学科则是基础学科或者交叉学科的一种基础构成。

与交叉学科相关的另一概念是交叉科学,它是一种集合概念,指科学研究中所有交叉学科的集合。作为交叉学科的集合,交叉科学在整个科学体系中起到了学科发展的承接作用,在不同学科之间起到了转移研究方法、传送研究成果的特殊作用,从而积极促进

①刘小宝,刘仲林. 跨学科研究前沿理论动态:学术背景和理论焦点[J]. 浙江大学学报:人文社会科学版, 2012, 42(6):16-26.

②王续琨,常东旭. 远缘跨学科研究与交叉科学的发展[J]. 浙江社会科学, 2009 (1):16-21.

③杨良斌. 跨学科视角下研究领域的发展状态分析[J]. 图书情报工作, 2012, 56(04):41-46.

④赵红洲. 论交叉科学的二重性[J]. 科学学研究, 1997, 15(1):3-11.

⑤文洪朝. 跨学科研究:当今科学发展的显著特征[J]. 西北工业大学学报:社会科学版, 2007, 27(2):12-16.

⑥王续琨. 交叉学科,交叉科学及其在科学体系中的地位[J]. 自然辩证法研究, 2000, 16(1):43-47.

整个科学的发展①。

本书将产生交叉学科的原有学科称为"基础学科"。"基础学科"是相对于"交叉学科"而言的,不同的交叉学科可能由不同的"基础学科"产生跨学科研究而发展得来。例如交叉学科生物信息学是由生物学和计算机科学相结合而产生的,相对于生物信息学而言,生物学和计算机科学则是基础学科。从时间先后来看,交叉学科的产生晚于基础学科的兴起。从知识基础来看,交叉学科的发展需要以基础学科的知识作为输入。

2.1.2 交叉学科的跨学科性测度

2.1.2.1 跨学科性测度基本原理

跨学科性一词来源于英文"interdisciplinarity",是"interdisciplinary"(跨学科的形容词)的名词形式②,该词常与"跨学科研究"混用。然而,从本质上来讲,跨学科性的内涵在于其所表示的对象具有的跨学科研究中的跨科学特征,包括多个学科知识交叉的广度和深度、知识跨学科分布与扩散特征等③。因此,跨学科性是一种可测度概念,例如论文的跨学科性、期刊的跨学科性等。从科学知识组织的角度,跨学科性的外在符号表现可分为跨学科引用和跨学科发文,而跨学科性概念的适用对象也包括论文、期刊、作者、团队、机构等③。作为一种动态发展的交叉学科,其跨学科性也随着学科发展而动态变化着。跨学科性概念也同样适用于交叉学科这种学科层面对象,可以用跨学科性来衡量交叉学科的发展状态。跨学科性概念可以用图 2 – 1 所示的概念框架进行表示,从跨学科发文和跨学科引用两个角度来理解不同层次的跨学科性。

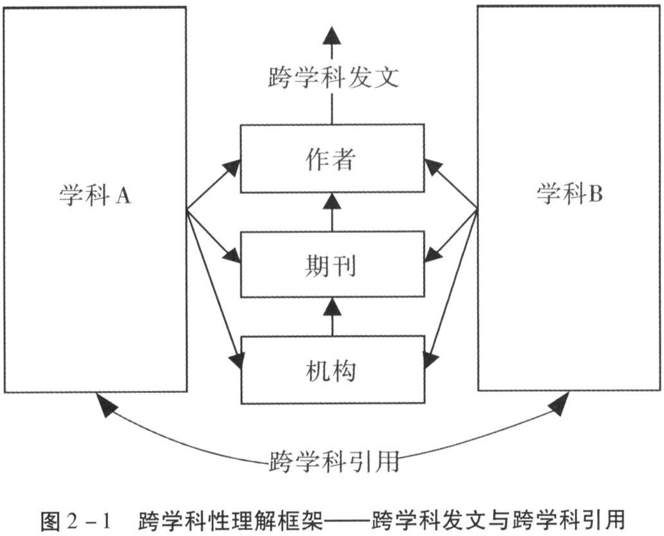

图 2 – 1　跨学科性理解框架——跨学科发文与跨学科引用

①王续琨. 交叉学科,交叉科学及其在科学体系中的地位[J]. 自然辩证法研究, 2000, 16(1): 43 – 47.
②张德禄, 秦双华. 马丁论跨学科性[J]. 当代外语研究, 2010, 6: 13 – 16.
③李江. "跨学科性"的概念框架与测度[J]. 图书情报知识, 2014(3): 87 – 93.

跨学科发文一般是就研究人员而言,指研究人员在其受教育背景、从属研究机构、知识结构所属的学科之外,发表不同于所属学科的跨学科研究成果。这种跨学科研究成果是多个学科知识融合而产生出的新知识,往往也能体现多个学科的知识特征。从研究人员的角度来看,跨学科研究成果是由于其作者(成果的创造者)的跨学科知识结构所决定的。这种跨学科知识结构具有涉及知识面广且在某一方面又较为深入的特点。形成这种跨学科知识结构的来源主要有两个方面:一是单个科研人员自身具有广泛的知识背景,同时又精通某一特定领域,由该科研人员发表跨学科的研究成果;二是由来自于不同学科背景的多个科研人员组成跨学科研究团队,该团队具有跨学科知识结构,从而在科学研究过程中发表跨学科研究成果。综上,跨学科发文是从知识创造者的角度来理解跨学科研究。

跨学科科研成果(包括论文、专利、图书等)的跨学科性本质上体现在其知识结构上。从表现形式来看,这种成果中的知识单元主要覆盖了研究对象、研究方法、研究工具、研究思路等知识元素。由此,科研成果的跨学科性是由这些知识元素的共同组合而体现出的。在科学交流体系中,文献引用体现了对前人研究成果的借鉴和认可,表明当前研究是在已有研究基础上进行的。跨学科研究成果中的研究对象、研究方法、工具、理论等诸多知识元素,有可能来源于现有研究成果,并通过文献引用的参考文献形式体现出来。通过这种方式,跨学科研究成果引用其他基础学科中的研究文献。那么,被引文献的学科属性,则反映出这些知识元素的学科属性,以此为依据可以探寻到跨学科研究成果所依赖的相关基础学科,从而找到跨科学与基础学科之间的关系。简言之,跨学科性可以通过引用信息得以体现,通过某个对象(论文、作者、期刊等)所引用的参考文献来考察该对象的跨学科性。其中,论文的参考文献是基础,其他对象(作者、期刊等)的引用文献通过汇集论文的参考文献而得到,例如期刊的参考文献可以通过聚集期刊中所有论文的参考文献而得到。

综上所述,跨学科性体现在跨学科发文和跨学科引用两个方面,故跨学科性的测度也可以从跨学科发文和跨学科引用两个角度进行统计计量。跨学科性测度的第一步工作是获取跨学科发文和跨学科引用相关的数据并进行符号化处理。当前学术数据库的发展使得这些工作越来越容易。学术数据库中收集了文献的基础元数据(一般包括学科类别,或者可以通过其他元数据信息得到学科类别)和参考文献信息,这些信息构成了跨学科测度的基础数据项。其中,由于引用数据的相对客观性和易获取性,通过跨学科引用来测度跨学科性更为方便和容易。主要的量化统计方面包括跨学科引用的次数和跨学科引用的多样性,其中多样性的衡量又包括三方面的要素:被引学科种类(差异性)、被引交次数在各被引科科中的分布(均衡性)和被引学科之间的亲疏关系(相似性)。当前跨学科性测量指标基本都是以这些要素为出发点进行设计。例如,Porter 等[1]认为跨学科性包含专业度和整合度两个方面,并分别通过研究工作的学科覆盖和文献的引文学科

---

①Porter A L, Cohen A S, Roessner J D, et al. Measuring researcher interdisciplinarity[J]. Scientometrics, 2007, 72 (1): 117 - 147.

多样性进行测度。Rafols 和 Meyer 等[1]认为跨学科性体现在学科的多样性(即所涉及学科的数量统计特征)和聚合性(即所涉及学科的相关性程度)两方面。

2.1.2.2 跨学科性测度指标

目前,跨学科性衡量指标有多种,其中较为常见的主要包括合作度、专业度、整合度、赛尔顿系数和布里渊指数等[2]。从基础数据来看,这些指标一般依赖于文献的学科分类信息,通过文献与学科的关系、文献之间的引用关系等来测度某一对象的跨学科性。下面对这些跨学科性指标进行详细介绍。

(1)合作度

合作度是指某个时间段内评价对象中的平均每篇论文的作者数[3],例如期刊合作度、学科合作度。该指标最初用于评价作者合著情况,其后扩展至评价机构合著情况,即评价对象中的平均每篇论文的机构数。由此,当前研究中的合作度包括作者合作度和机构合作度[2]。从衡量跨学科性来度来看,作者或者机构可能来自于不同的学科,作者合作和机构合作则在一定程度反映了跨学科的科研合作,从而体现出评价对象的跨学科性。然而,无论是作者合作度还是机构合作度,均只是间接地反映跨学科性,并不能直接反映评价对象的跨学科合作。事实上,合作作者或者机构来源于不同学科的假设在相当多的情况下并不成立。针对这一不足,可以采用合著作者或者机构所隶属的学科来改进合作度评价指标,形成学科合作度指标。学科合作度指标 C_d 的具体公式如下:

$$C_d = \frac{\sum_p |d|_p}{N}$$

其中,N 是评价对象中的论文总量,$|d|_p$ 是论文 p 作者或者机构所隶属的学科数。例如,期刊的学科合作度是该期刊中所有论文的作者或者作者机构所属于的学科数的平均值。学科合作度越高,表明评价对象中存在越多的合作学科,因此该评价对象的跨学科性越高。

(2)专业度

专业度(Specialization)是指知识贡献学科的集中程度,该指标从文献所覆盖的学科进行测量,考察了文献的学科分布情况。评价对象中文献学科分布越集中,表明评价对象的知识基础来自于更少的学科,甚至仅一个学科,故评价对象的专业度越高。该指标最早用来衡量作者的专业度,用以反映作者所发表文献的学科集中程度[4]。作者所发表的学科文献集中程度越高,文献所属于的学科分布越集中,作者的专业度越高。在实际

---

①Rafols I, Meyer M. Diversity and network coherence as indicators of interdisciplinarity:case studies in bionano-science[J]. Scientometrics, 2010, 82(2):263 – 287.

②杨良斌,金碧辉. 跨学科测度指标体系的构建研究[J]. 情报杂志,2009 (7):65 – 69.

③刘瑞兴. 图书馆学期刊的论文作者合作度[J]. 图书情报工作,1991,35(1):24 – 26.

④Porter A L, Cohen A S, Roessner J D, et al. Measuring researcher interdisciplinarity[J]. Scientometrics, 2007, 72 (1):117 – 147.

操作过程中,文献的学科可以采用汤森路透数据库或者其他学术数据库中的学科类别(Subject Category)进行划分,这些数据库中,学科类别亦同时作为一项文献元数据,从而较为方便地统计文献的学科分布。具体而言,专业度指标(S)的计算公式如下:

$$S = \frac{\sum SC_i^2}{(\sum SC_i)^2}$$

其中,SC_i表示属于学科类别i的文献数量。需要注意的是,同一篇文章可以划分在多个学科类别之中。这种作者的专业度指标也可以用于评价期刊和学科,只需要从统计作者的文献扩展到统计期刊或者学科中的所有文献。

交叉学科的专业度测量时,可以有两种考虑:一是不计算交叉学科本身,二是包含交叉学科本身。若不计算交叉学科本身,交叉学科的专业度越高,反映了该交叉学科的跨学科性越差,交叉学科中的知识来源基础学科越集中。若包含交叉学科本身,那些最为重要的学科可能是交叉学科本身,那么专业度越高,有可能表明该交叉学科发展较为成熟,该学科自身产生了较多新知识。同时,也有可能来自于其他基础学科,而非交叉学科,这种情况下,专业度越高,交叉学科中的知识来源基础学科越集中。因此,在具体分析过程中,需要进一步具体分析。

(3)整合度

文献引用是知识传输的一种最为直观的表现形式。整合度(Integration)指标是一种测量跨学科研究最为直观的指标,它通过文献的引文所属学科的多样性进行测度,考察引文学科分布集中程度[1]。该指标并不是简单地统计引文学科分布数量,同时也考虑了引文学科之间的相似性。该指标中的引文学科多样性通过学科的相似性进行反映,学科相似性越高,引文多样性越差。学科的相似性可以通过两个学科共同引用的文献进行测量。基于余弦相似度的学科相似性指标可以表示为:

$$\text{Cos}(SC_i, SC_j) = \frac{\sum x_i y_i}{\sqrt{(\sum x_i^2)(\sum y_j^2)}}$$

其中x_i和y_i分别表示学科类别SC_i和SC_j中引用的第i篇文献。两个学科类别共同引用的文献数量越多,两者之间的余弦夹角越小,余弦相似性越高。

整合度指标反映了整合多个学科知识的能力,因此所涉及的学科差异性越大,其整合度越高。在学科相似性指标基础上,作者的整合度指标公式为:

$$I = 1 - \frac{\sum_{i,j} f_i f_j \text{Cos}(SC_i, SC_j)}{\sum_{i,j} f_i f_j}$$

其中f_i表示作者发表的文献中属于学科类别SC_i的数量,$\text{Cos}(SC_i, SC_j)$是学科类别

---

①Porter A L, Cohen A S, Roessner J D, et al. Measuring researcher interdisciplinarity[J]. Scientometrics, 2007, 72(1): 117-147.

SC_i 和 SC_j 的余弦相似度。若统计学科中所有文献,则可以将作者整合度指标扩展到学科整合度上面,将其用于评价学科的整合能力。

(4)赛尔顿系数

赛尔顿系数[①]通过两个学科间共享的期刊数量来体现学科的相关程度,具体计算公式如下[②]:

$$领域\ A\ 和领域\ B\ 之间的赛尔顿系数 = \frac{领域\ A\ 和领域\ B\ 之间的共享期刊数}{\sqrt{领域\ A\ 下的期刊数 \times 领域\ B\ 下的期刊数}}$$

(5)布里渊指数

布里渊指数(Brillouin's Index)是一种基于信息论中的信息熵的指标,它于 1956 年被布里渊应用于测量传播过程中消息的信息量[③]。布里渊指数的原始形式是:

$$H = \frac{\log N! - \Sigma(\log n_i!)}{N}$$

其中 N 是总的观测数量,n_i 是类别 i 的观测数量。布里渊指数考虑了差异性和均衡性,观测到的类别越多或者观察对象在各个分布越均匀,则不确定值 H 越大,即多样性越高。若将类别设置为学科类别,则可以利用布里渊指数在被引文献的学科类别基础上计算信息熵来测度跨学科性[②]。Steele 和 Stier 应用布里渊指数测量了环境科学的学科多样性,认为该指标是一种集成观测总数和类别数量的一种综合性指标[④]。布里渊指数目前是一种最为常用的测度跨学科引用的信息计量指标。

综上来看,各类跨学科性测度指标主要借助于施引文献和被引文献的学科类别来测量交叉学科中文献、研究者、期刊和学科等不同层面实体的跨学科性[⑤],以反映交叉学科的发展状态和规律。例如,Yegros – Yegros 等[⑥]发现交叉学科的多样性与期刊引用影响力呈正相关关系,而平衡性和差异等与期刊的引用影响力之间呈负相关关系。然而,目前从主题层次来观察跨学科性的研究还相对较少。Nichols[⑦] 通过主题与学科之间的关系,扩展了一种 Stirling 跨学科多样性评价指标[⑧],该指标被用于评估美国自然科学基金申请书的跨学科性。事实上,从主题层次来观察跨学科性是一种相对于学科粒度而言更细的

①Salton ,G. , & McGill ,M. J. Introduction to modern information retrieval[M]. London :McGraw – Hill ,1983.

②程莹, 刘念才. SCIE, SSCI 期刊跨学科现象的定量分析[J]. 情报科学, 2005, 23(2): 237 – 240.

③Brillouin L. Science and Information Theory[M]. New York：Academic Press,1956:125

④Steele T W, Stier J C. The impact of interdisciplinary research in the environmental sciences：a forestry case study[J]. Journal of the American Society for Information Science, 2000, 51(5): 476 – 484.

⑤杨良斌. 跨学科视角下研究领域的发展状态分析[J]. 图书情报工作, 2012, 56(04): 41 – 46.

⑥Alfredo, Yegros – Yegros, Ismael, et al. Does Interdisciplinary Research Lead to Higher Citation Impact? The Different Effect of Proximal and Distal Interdisciplinarity[J]. Plos One, 2015, (08):1 – 21.

⑦Nichols L G. A topic model approach to measuring interdisciplinarity at the National Science Foundation[J]. Scientometrics, 2014, 100(3): 741 – 754.

⑧Stirling A. A general framework for analysing diversity in science, technology and society[J]. Journal of the Royal Society Interface, 2007, 4(15): 707 – 719.

语义观察粒度,能够深度揭示交叉学科中跨学科研究现象。

2.2 主题模型

文本挖掘方法中将主题(topic)视为一种变量,这种变量与词项(word)、文档(document)等相类似。由于主题不像词项和文档一样可以直接观察到,而是一种隐含变量,所以在文本挖掘相关文献中常使用潜在主题(latent topic)或者潜在语义(latent semantics)来表示这种主题概念。从形式化模型表示方法角度,主题可以表示为词集合,即通过由词组成的集合来表示主题。在概率模型中,可以将主题表示为词项的概率分布,即词集合中的词项带有一定的权重,这种权重反映了词项与主题之间的关联大小。基于这一思路,文本挖掘、自然语言处理领域采用了不同的方法从文本中挖掘出主题。尽管一些研究采用聚类的方式[①]来识别文本中的主题,而本书主要关注一些形式化的方法,将主题视为一种文本集中的变量,运用统计的方法从原文本中发现主题——主题模型应运而生。这一过程往往不需要人工干预,而是一种无监督的、由主题模型算法自动组织和归纳的[②]。本节对主要主题分析方法进行介绍,包括潜在语义索引和概率潜在语义索引,并重点简述 LDA 主题模型及其扩展模型。

2.2.1 潜在语义索引和概率潜在语义索引

在文本挖掘中,常将文档表示为词向量,而文档集合,则被表示为文档-词矩阵,如图 2-2 所示。该图表示了 d 个文档组成的文档集,每个文档由 t 维词向量组成,则整个文档集则表示为一个 t x d 的文档-词矩阵。文本挖掘的主题分析则是从这样一个文档-词矩阵中识别出文档集和文档中的主题的一个过程。从现有研究来看,文本挖掘中主要的主题分析方法包括潜在语义索引(Latent Semantic Indexing)、概率潜在语义索引(probabilistic Latent Semantic Indexing)和主题模型(Topic Modeling)等[③]。本节主要对潜在语义索引和概率潜在语义索引进行介绍,下一小节阐述主题模型。

图 2-2　文档集的文档-词矩阵表示

---

①Stoyanov V, Cardie C. Topic identification for fine-grained opinion analysis[C]//Proceedings of the 22nd International Conference on Computational Linguistics - Volume 1. Association for Computational Linguistics, 2008:817-824.

②Steyvers M, Griffiths T. Probabilistic topic models[J]. Handbook of latent semantic analysis, 2007, 427(7):424-440.

③徐戈,王厚峰. 自然语言处理中主题模型的发展[J]. 计算机学报, 2011, 34(8):1423-1436.

潜在语义索引(Latent Semantic Indexing, LSI)[1]在文档层次与词项层次之间构建一个潜在语义层(Latent Semantic,主题)。其目的是将文档的 t 维词项空间,转化为 m 维的潜在语义空间(主题)上来,并将文档采用 m 维主题进行表示。这个过程实际上建立起了主题与词项以及文档与主题之间的关系,实现了由高维词项空间向低维主题空间的转化(m 一般远小于 t),从而使得文档表示更加容易。潜在语义索引的这一目的与主成分分析方法[2]较为类似,即将高维向量转化为互不相关的低维向量。

在方法上,潜在语义索引采用奇异值分解(Singular Value Decomposition, SVD)方法,即通过矩阵分解的方法实现降维操作。图 2-3 展示了将 t x d 维文档-词矩阵进行潜在语义分析的奇异值分解过程。经过奇异值分解,转化为三个矩阵,分别是:①U, t x m 维的主题词项矩阵,在该矩阵中每个主题表示为 t 维词向量;②Σ, m x m 维的主题对角矩阵;③V, d x m 维的文档主题矩阵。其中,U 和 Σ 必须是正交矩阵。

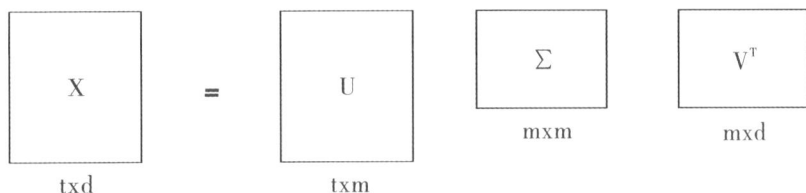

图 2-3　潜在语义分析中 SVD 示意图

基于潜在语义索引的文本挖掘和信息检索操作也都基于 SVD 所得到的三个矩阵进行,主要采用了矩阵计算。与潜在语义索引不同,概率潜在语义索引则引入了概率思想,进行概率计算。

概率潜在语义索引(Probabilistic Latent Semantic Indexing, pLSI)[3]是 Hofmann 在 1999 年提出的一种主题模型。这种模型与潜在主题索引不同的之处在于它是一种概率生成模型,在文档与主题、主题与词项关系表示时引入了概率机制。该模型常采用图模型[4]进行解释,如图 2-4 所示。该图模型中,圆圈表示变量,矩形表示对象集合。pLSI 模型中共包含三种变量——文档(d)、主题(z)、词项(w),其中 z 是潜在变量,采用圆圈表示,文档和词项为可观察变量,采用阴影圆圈表示。外层矩形表示 M 个文档(d),内层矩形表示单个文档由 N 个词组成。箭头表示变量之间的依赖关系,可以采用条件概率进行表示,例如 $P(z|d)$、$P(w|z)$。

①Deerwester S, Dumais S T, Furnas G W, et al. Indexing by latent semantic analysis[J]. Journal of the American society for information science, 1990, 41(6): 391.

②Anzai Y. Pattern Recognition & Machine Learning[M]. Elsevier, 2012.

③Hofmann T. Probabilistic latent semantic indexing[C]//Proceedings of the 22nd annual international ACM SIGIR conference on Research and development in information retrieval. ACM, 1999: 50-57.

④Anzai Y. Pattern Recognition & Machine Learning[M]. Elsevier, 2012.

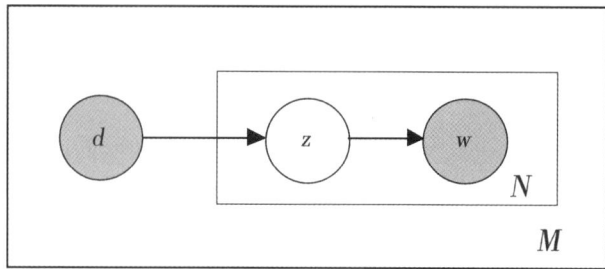

图 2-4　概率潜在语义索引的图模型

所谓生成模型,是因为该模型中含有概率生成过程。pLSI 模型的概率生成过程主要有:$p(w|z)$,由主题生成词项,将主题表示为词项的概率分布;$p(z|d)$,由文档生成主题,将文档表示为主题的概率分布。该模型的求解过程就是得到这两种概率分布的过程,常用的求解算法有最大期望(expectation maximum,EM)算法①。

在潜在语义索引和概率潜在语义索引模型中,主题均是文本集共享的,即所有文档共享同一个主题空间。他们的不同之处在于:①潜在语义分析模型中,U 和 V 矩阵必须是正交矩阵,概率潜在语义索引则可以不满足这一条件;②概率潜在语义索引中均是概率值,其值不能为负数。

2.2.2 潜在狄利克雷分配(LDA)模型

主题模型(Topic Modeling)②是近年来一种较为先进的文本挖掘技术,它能从自然语言文本集合中识别出潜藏的主题,其实质是通过分析文本中词项的出现频次来识别出主题结构。主题其中应用较多的是由 Blei 等学者于 2003 年提出的潜在狄利克雷分配(Latent Dirichlet Allocation,LDA)③。在概率潜在语义索引中,文档主题概率分布和主题词项概率分布没有规定需要服从特定的概率分布。而在潜在狄利克雷分配模型中,这两种分布都假定遵从特定的先验概率分布。

图 2-5　LDA 模型的直观解释图④

下面以图 2-5 来直观地解释潜在狄利克雷分配模型(LDA)。LDA 模型认为一篇文档由多个主题构成,如图 2-5 中的文档由多个不同主题所组成,不同主题中的词采用了不同背景色标识。右边的直方图表示不同主题在该文档中所占的比重各不相同,呈现出

---

①Moon T K. The expectation - maximization algorithm[J]. IEEE Signal processing magazine, 1996, 13(6): 47 - 60.

②Wallach H M. Topic modeling: beyond bag - of - words[C]//Proceedings of the 23rd international conference on Machine learning. ACM, 2006: 977 - 984.

③Blei D M, Ng A Y, Jordan M I. Latent dirichlet allocation[J]. Journal of machine Learning research, 2003, 3: 993 - 1022.

④Blei D M. Probabilistic topic models[J]. Communications of the ACM, 2012, 55(4): 77 - 84.

概率分布形态。每一个主题又由多个词项所表示,且不同词项在主题中所占的权重也不同,亦表现为概率分布。图左边部分列出了部分主题的部分词项权重大小,例如第一个主题中词"gene"的概率为0.04,"dna"概率为0.02。与pLSI类似,LDA模型亦是通过文档主题分布和主题词项分布对文本集建立模型。

LDA模型中的主题词项模型与一元语言模型类似,即表达为单个词项的概率分布。例如在图2-6所示的一个潜在主题概率分布上,不同词项构成了该概率分布的不同元素(也可以称作维度),每一词项具有各自的词概率,其中"geography"的概率为0.176,"spatial"的概率为0.148,等等。通过这一词项概率分布中的各种词的语义,可以看出,该主题应该与"地理信息"相关。LDA模型通过一定的算法,自动从文本中得到每个主题的主题词项概率分布。

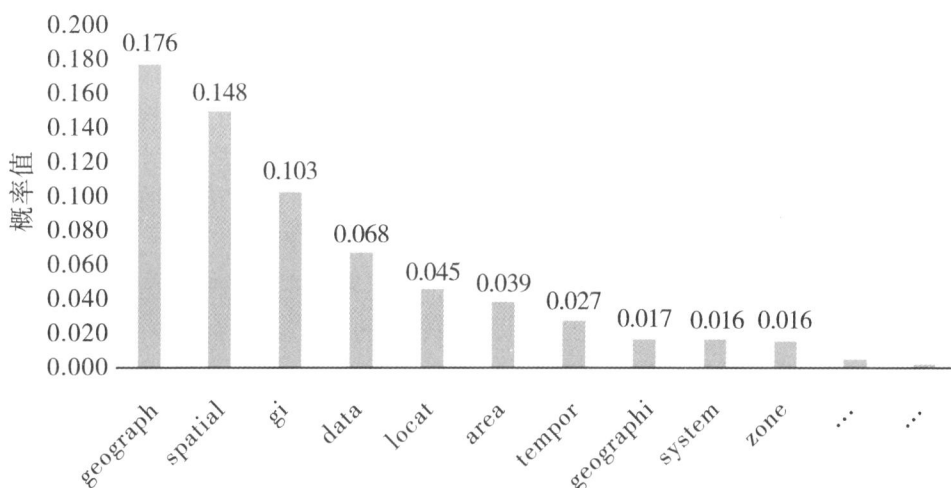

图2-6 潜在主题的概率分布示例

2.2.2.1 LDA 表示方法

主题模型方法是一种无监督方法,即事先不需要输入人工构建的背景信息或者主题中的词项集合等,它能自动地发现文档集中的潜在主题结构。与潜在语义索引和概率潜在索引类似,LDA模型的输入是文档-词项矩阵,输出结果是主题词项概率分布和文档主题概率分布两种分布。根据图2-5所示的直观解释做如下形式化定义:LDA主题模型的基本假设是文本集中存在着 K 个潜在主题,而单篇文本是这 K 个主题的概率分布,即在单篇文本中,主题 z 具有不同的概率值 $P(z|d)$。同时,主题 z 可以表达为一元语言模型,即词项的概率分布——词项 w 拥有一个概率值 $P(w|z)$。LDA模型的概率图模型进行表示见图2-7。

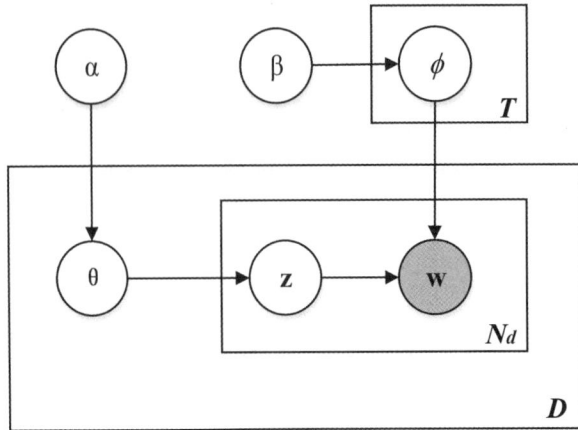

图 2-7 LDA 的概率图表示①

在该图所示的 LDA 模型中，D 代表整个语料库中有 D 篇文档，w 为词变量，N_d 表示文档 d 中的词项数量，z 为主题变量，表示标示词 w 所属的主题，θ 为某文档的主题概率分布，ϕ 表示主题词项概率分布，它可以表达为一个 $K \times V$ 的矩阵，其中 K 为预设的主题个数，V 为词项空间中的词数量。α 是文档主题概率分布 θ 的超参数，可以理解为狄利克雷分布的先验参数。α 值越大，说明文档更有可能是由较多主题混合生成（文档中主题密度较大），α 值越小，说明文档仅由较少主题混合而成。β 是主题词项概率分布 ϕ 的超参数。与 α 值类似，β 值越大，说明单个主题可能由较多的词项组成，主题中词项密度较大，而 β 值越小，说明主题由较少的词项组成。

根据文本集训练 LDA 模型的过程，即是得到文档主题概率分布 θ 和主题词项概率分布 ϕ 过程。该模型中的几个重要的条件概率为：①文档主题概率分布 θ 为文档生成主题的概率 $P(z|\theta,d)$；②根据主题词项概率分布生成词项的概率 $p(w|z,\beta)$。这几个条件概率揭示了 LDA 生成过程的核心。LDA 模型中的先验分布假设包括：首先，文档的主题概率分布 θ 服从 K 维狄利克雷分布（Dirichlet Distribution），K 在模型中假设为预知项，α 是该分布的超参数；其次，从文档的主题概率分布 θ 生成词项 w 的过程服从多项式分布（Multinominal Distribution）；主题的词项概率分布 ϕ 遵从狄利克雷分布，其中 β 是该分布的超参数。以上先验分布假设影响着概率图模型中相应的条件概率。

除图模型表示外，主题模型还可以采用语言模型生成过程来表达，即描述了如何从无到有地生成整个文本集。假设文档主题概率分布的超参数 α（文档主题概率矩阵）和主题词项概率分布超参数 β（主题词项概率矩阵）预知，那么：

（1）选择文档 d 的概率分布，根据超参数 α 生成它的主题概率分布，$\theta \sim p(\theta|\alpha) \sim Dirf(\alpha)$

（2）为文档 d 中生成文档中的词，在这一步需要重复 N 以下过程：

①Blei D M，Ng A Y，Jordan M I. Latent dirichlet allocation［J］. Journal of machine Learning Research，2003，3：993 -1022.

根据该文档的主题概率分布,选择一个主题 $z \sim p(z|\theta) \sim \mathrm{Multinominal}(\theta)$;根据主题词项概率分布超参数 β,结合选定主题 z,生成一个文档中的单词 $w \sim p(w|z,\beta)$。其中 N 为文档中的词项数量。

至此,完成一篇文档的生成过程。而重复执行 D 次文档生成过程,即得到由 D 篇文档组成的文本集。

2.2.2.2 模型求解方法

主题模型的求解是与主题模型的生成过程相反的过程,根据已知文本集求得文档主题概率分布 θ 和主题词项概率分布 ϕ 的过程。目前对于 LDA 模型的求解主要有三种方法,包括基于吉布斯采样(Gibbs sampling)的方法[1]、基于变分法(variational inference)的最大期望求解(EM)[2]和基于期望推进的方法(expectation propagation)[3]。Blei 等在最初的 LDA 论文中采用变分方法求解,而基于吉布斯采样的方法由于其过程较为清晰,且能适用于多个 LDA 扩展模型,使用较多。

在统计学上,吉布斯抽样过程是一种马尔可夫链蒙特卡罗方(Markov chain Monte Carlo,MCMC))法。应用在概率图模型的推理过程中时,该过程将参数推算过程假设为一种马尔可夫链过程,当前推算的参数依赖于其他参数的选值。因此在操作时,固定除当参数以外的其他参数,计算当前参数估值,然后按同样的方法计算下一参数的估值,以此类推从而估算出所有的参数。吉布斯抽样方法操作上便于扩展,因此被广泛应用于 LDA 模型及其扩展模型的求解过程中。

在 LDA 模型上应用吉布斯抽样方法的求解过程如下[4]:针对一个文本集,每一次估算仅对某篇特定文档的特定词项估算其主题,在估算时需要借助狄利克雷分布的性质进行计算。假设当前计算词项为 w_i,吉布斯抽样方法计算该词项的主题概率分布可以表达为:

$$P(z_i = j | z_{-i}, w_{-i}) \propto \frac{n_{-i,j}^{(w_i)} + \beta}{n_{-i,j}^{(\cdot)} + V\beta} * \frac{n_{-i,j}^{(di)} + \alpha}{n_{-i,}^{(di)} + K\alpha}$$

其中 w_{-i} 表示除当前词以外的词项,$n_{-i,j}^{(w_i)}$ 表示在主题 j 中不包含当前词的所有 w_i

①Griffiths T. Gibbs sampling in the generative model of latent dirichlet allocation[EB/OL]. [2013 – 12 – 2]. http://people. cs. umass. edu/~wallach/courses/s11/cmpsci791ss/readings/griffiths02gibbs. pdf.

②Blei D M, Ng A Y, Jordan M I. Latent dirichlet allocation[J]. Journal of machine Learning research, 2003, 3:993 – 1022.

③Minka T P. Expectation propagation for approximate Bayesian inference[C]//Proceedings of the Seventeenth conference on Uncertainty in artificial intelligence. Morgan Kaufmann Publishers Inc. , 2001:362 – 369.

④Griffiths T. Gibbs sampling in the generative model of latent dirichlet allocation[EB/OL]. [2013 – 12 – 2]. http://people. cs. umass. edu/~wallach/courses/s11/cmpsci791ss/readings/griffiths02gibbs. pdf

词项数量(计算同一词在该主题中出现的频次),$\overset{(\cdot)}{-i,j}$代表主题j中不包含当前词的的所有词项数量,$n\overset{(di)}{-i,j}$表示当前文档d_i中除了当前词以外的所有属于主题j的词项数量,$n\overset{(di)}{-i.}$表示当前文档d_i中除当前词以外的所有词项数量。根据上面的公式所知,右侧第一项说明当前词所属主题概率受到该词在整个文档集中的主题概率分布影响,V是整个文档集不重复的词项类量,一般可以理解为词典的大小,该参数是主题词项的狄利克雷分布的一个参数,根据文档语料可以直接得到。右侧第二项说明当前词项在特定文档中的主题概率分布受到该词在整篇文章中的主题概率分布影响,K是文档集中的主题数量,是文档主题的狄利克雷分布的一个参数,需要根据一定的标准设置值,例如接下来要讲的模型评价方法。

2.2.2.3 模型评价方法

在信息理论中,困惑度(Perplexity)指标常用来评价一个概率分布或者概率模型预测新样本的能力。在统计语言学和文本分析中,也常利用该指标来对比不同的语言模型。根据前述 LDA 模型的理论可知,LDA 模型中的主要部分是文档的主题分布和主题的词项分布两类概率分布模型。由此可以看出,困惑度(Perplexity)指标是一种评价 LDA 模型的较好的指标,可以用于衡量 LDA 主题模型预测新文本中词项的所属主题的能力,也称之为模型的泛化能力[1]。

为得到较好的主题模型,一般将文本集分为训练集和测试集两部分。其中,训练集用来估算模型中的文档主题分布、主题词项分布等参数,然后将测试集中的文本视为新文本,用于计算从训练集中得到的 LDA 模型的困惑度值。在文章层次的计算 LDA 模型困惑度值的计算公式为:

$$\text{perplexity}(d_i) = \exp\left| -\frac{\sum_{i=1}^{M}\log(p(di))}{\sum_{i=1}^{M}N_i}\right|$$

其中 di 是测试集中第 i 篇文档,Ni 是指文档 d_i 中的总词项数量,M 是测试集中文档数量。$p(d_i)$是由训练集中得到的 LDA 模型生成文档 d_i 的概率,该概率实际上是生成文档中所有词项的条件概率,采用如下公式计算:

$$p(d_i) = \prod_w\left(\sum_z p(w|z)p(z|d_i)\right)$$

其中 w 是文档 d_i 中的词项,z 是主题。

LDA 模型的困惑度值越小,表明该模型预测新文本的能力越强。除困惑度值方法评价 LDA 模型之外,一些学者还探索了其他模型评价方法。Chib – style 评估器和"left – to

①Rosen – Zvi M, Griffiths T, Steyvers M, et al. The author – topic model for authors and documents[C]//Proceedings of the 20th conference on Uncertainty in artificial intelligence. AUAI Press, 2004: 487 – 494.

–right"方法是两种较为精准的评价和选择主题模型的方法①。另一种自动评估思路是 LDA 模型所得到的各个主题模型应当相互之间存在较大差异。基于这一思路,Cao 等② 提出了一种基于主题密度的 LDA 评价方法,该方法实质上是计算了各个主题之间的平均距离。该方法采用余弦相似性计算两个主题的相似性:

$$\cos(z_i, z_j) = \frac{\sum_{v \in v} w_{iv} w_{jv}}{\sqrt{\sum_{v \in v} w_{iv}^2} \sqrt{\sum_{v \in v} w_{jv}^2}}$$

其中 z_i, z_j 是两个待对比主题,V 是文档集中的词典,w_{iv} 表示主题 z_i 中第 v 个词项 w_v,w_{jv} 表示主题 z_j 中第 v 个词项 w_v。两个主题的余弦相似性越大,表明两个主题的词项越接近,说明两者之间的语义越接近,反之则说明两者的语义越远。在主题间余弦相似性基础上,得到所有主题的两两相似性的平均值:

$$\text{avg\_dis} = \frac{\sum_{l=0}^{K-1} \sum_{j=i+1}^{K} \cos(z_i, z_j)}{K(K+1)/2}$$

上式即得到了 LDA 主题模型中所有主题的平均距离,其中 K 表示主题数量。主题平均距离象征了所得到的主题是否稳定,即是否还应当重新划分或者进一步细分等。

以上方法是自动评价 LDA 主题模型的方法,现实中还需要借助人工评价来分析所得到的主题是否具有现实意义。在人工分析时,主要考察所得到的主题数量是否合适、主题模型中的词是否合乎语义、词密度是否适中、多义词在当前主题中是否不存在歧义等等。

LDA 主题模型评价过程,一般也是用来确定主题数量参数 K 的过程。通过变化 K 的取值,得到评价指标的值,以此来观察参数 K 的最优取值。

2.2.3　潜在主题标签标注方法

为便于人们理解,在后处理的分析阶段一般需要对潜在主题赋予适当的标识符,亦即主题标签。为潜在主题标注主题标签的过程,可以由专家人工完成,也可以由采用自动化算法生成。通过主题的概率词项分布,专家根据概率值排序靠前的一些词项通过综合和抽象等过程,为主题赋予适当的标签来表示主题概念。在自动化算法方面,可由计算机从概率词项分布、相关文本、外部知识资源中生成主题标签。De Battisti 等③提取一种从主题相关文本中利用自然语言处理技术和互信息、TFIDF 等权重计算方法选择一组词项和二元词项来描述潜在主题。

①Wallach H M, Murray I, Salakhutdinov R, et al. Evaluation methods for topic models[C]//Proceedings of the 26th Annual International Conference on Machine Learning. ACM, 2009: 1105 – 1112.

②Cao J, Xia T, Li J, et al. A density – based method for adaptive LDA model selection[J]. Neurocomputing, 2009, 72(7): 1775 – 1781.

③De Battisti F, Ferrara A, Salini S. A decade of research in statistics: a topic model approach[J]. Scientometrics, 2015, 103(2): 413 – 433.

2.2.4 LDA 扩展模型

2.2.4.1 LDA 模型扩展思路

　　LDA 主题模型提供了一种从大规律数据中发现主题结构的方法。借助于概率图模型的表示和求解能力，在 LDA 模型基础上非常容易进行扩展，可以使用新的更为复杂的模块引入新的变量来扩展 LDA 模型，从而将扩展模型应用到新的更为复杂的环境中。现有的 LDA 模型扩展方法主要包括改变 LDA 基础假设、结合元数据以及其他结构化数据①。

　　LDA 模型中有三个基础假设，一是文档表示为词袋模型，二是文档无序性，三则是主题数量固定。这三种假设并不完全正确，通过改变这三种假设，可以延伸出一些相关的扩展模型。首先，文档表示为词袋模型（bag - of - words）时，文档中的词项变得没有顺序，而事实上诸如语言模型等方法则认为词项的顺序在特定的一些任务上较为重要。例如，在序列标注、词性识别等自然语言处理任务中，词项的顺序起到了较为正向的作用。Wallach② 在 LDA 基础上，打破词袋模型表示，由主题模型生成当前词时，不仅依赖于主题模型，还受前一个词影响。Griffiths 等③将句法结构也融入到主题模型中，提出一种 LDA 和马尔可夫模型结合的方法。第二个假设认为文档的顺序对主题模型也不会造成影响。事实上，当文档跨越较长时间时，文档中的主题是会发生变化的，因此文档的时间先后顺序也是一个影响主题的因素。动态主题模型则考虑了文档的时间因素，从而观察主题的动态变化。这种方法有利于分析文档集中的主题演化。这也对第三个假设造成了冲击。LDA 模型中认为主题数量是固定的，在确定了主题数量后，LDA 模型则在该数量下运行。贝叶斯非参数主题模型④是一种层次聚类主题模型，它根据文本集自动推理出一种层次性主题结构，高层次主题是一些通用性主题，低层次主题则更为具体。该主题模型可以根据文本集自动推算出主题数量，同时也能在新文本中发现旧文本中所不存在的新主题。

　　另一个扩展方向是将一些元数据或者结构化数据整合到主题模型之中。这些元数据或者结构化数据可以是新环境中的一些特有、固定的数据，例如文献中的作者、关键词，网页间的超链接等。在学术文献信息环境中，存在大量这样的元数据，包括作者、出版场所、关键词、引文关系、出版时间等。通过将这些元数据视为新的变量，衍生得到了

①Blei D M. Probabilistic topic models[J]. Communications of the ACM, 2012, 55(4): 77 - 84.

②H. Wallach. Topic modeling: Beyond bag of words. In Proceedings of the 23rd International Conference on Machine Learning, 2006.

③T. Griffiths, M. Steyvers, D. Blei, and J. Tenenbaum. Integrating topics and syntax. In L. K. Saul, Y. Weiss, and L. Bottou, editors, Advances in Neural Information Processing Systems 17, pages 537 - 544, Cambridge, MA, 2005. MIT Press.

④Teh, Y Jordan, M Beal, M et al. Hierarchical Dirichlet processes[J]. Journal of the American Statistical Association, 2006, 101(476):1566 - 1581.

多种 LDA 扩展模型。其中较为重要的一些模型包括作者主题模型、引文 LDA 模型、链接 LDA 模型等。

2.2.4.2　作者主题模型

作者主题模型(Author – topic model)①②是一种较为成功的 LDA 扩展模型,它在原有 LDA 模型基础上引入作者变量。该模型的基本思路是假设每个作者都拥有一个主题分布,文献中的词是由文献中某个作者的主题分布生成。作者的主题分布也可以理解为作者的研究兴趣。这种假设较为合乎文献写作的客观过程,即文献是由其合作者所撰写的,由此特定的词必然是由某位合作者根据其知识背景(表现为主题)而产生出的。利用一种形式化地方式来表达一篇研究文献的写作过程:针对某篇文章 d,其所有作者 a_d 共同撰写该文,针对特定单词,随机从合作作者中选择一位作者 x,根据该作者的研究兴趣主题分布 θ_x 中确定一个研究主题 z,此时该篇论文也拥有了主题 z,然后在该主题的词项概率分布 ø 基础上生成一个这个单词 w;重复以上过程直至完成这篇论文的写作。

作者主题模型的这一过程可以采用概率图模型表示方法呈现,如图 2 – 8 所示。作者主题模型的概率图模型与 LDA 模型的差别是引入了可观察变量——论文 d 的所有作者 a_d,以及不可观察变量——作者 x,主题的生成同时受到作者和作者主题分布影响。而其他部分与 LDA 模型相似。

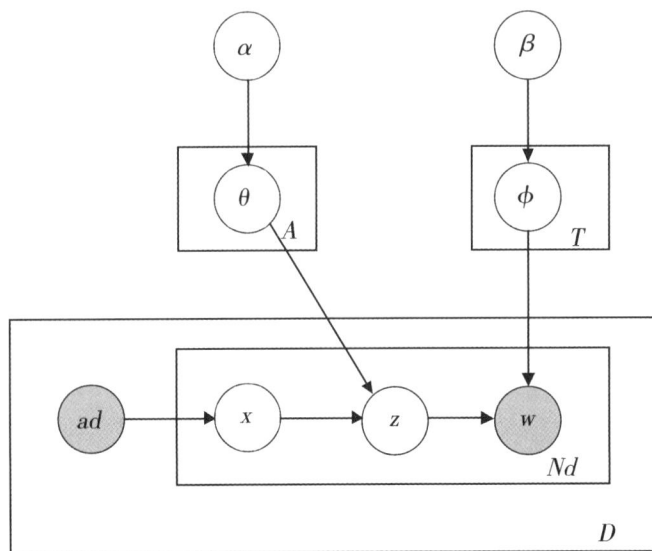

图 2 – 8　作者主题模型的概率图模型

①Rosen – Zvi M, Chemudugunta C, Griffiths T, et al. Learning author – topic models from text corpora[J]. ACM Transactions on Information Systems, 2010, 28(1): 1 – 38.

②Rosen – Zvi M, Griffiths T, Steyvers M, et al. The author – topic model for authors and documents[C]//Proceedings of the 20th conference on Uncertainty in artificial intelligence. AUAI Press, 2004: 487 – 494.

与 LDA 模型类似,可以采用整个文本集的生成过程来描述作者主题模型:

①初始化作者主题分布和主题词项分布;

针对每个作者 $a = \{1,\cdots,A\}$,该作者的主题分布 θ_a,服从 $\theta_a \sim \mathrm{Dir}(\alpha)$,$\alpha$ 为该分布的超参数,A 为作者总数;针对每个主题选择主题词项分布,服从 $\varnothing_t \sim \mathrm{Dir}(\beta)$,$\beta$ 为该分布的超参数,t 取值范围为 $[1,K]$,K 为主题数量。

②生成文档 $d = \{1, \cdots, D\}$ 的过程为:

假设该文档的作者集合为 a_d,依据多项式分布逐个生成文档中的词项:

选择作者 x,服从 $x \sim Uniform(a_d)$;

选择主题 z,服从 $z \sim p(z|x,\theta)$;

生成词项 w,服从 $w \sim p(w|z,\varnothing)$。

作者主题模型的求解也可以采用吉布斯抽样方法推算出模型中的各种概率分布。

2.2.4.3 链接 LDA 模型

在学术文献环境中,文献之间的引用关系是一种较为重要的学术交流机制。一些相关研究也尝试将文献引用关系整合到主题模型之中。Erosheva 等[1]提出一种链接 LDA 模型(Link – LDA),通过文献的文本内容和参考文献识别得到文献主题。Link – LDA 模型的概率图表示见图 2 – 9。从该图中可以看出,Link – LDA 模型中可观察变量除了文档中的词项外,还包括文档中的参考文献(d')。文档主题分布 θ 不仅影响词项的主题,同时还影响到参考文献的主题。参考文献的生成还需要服从某种分布 Ω,在 Erosheva 的文献中该分布可以是多项式分布或者伯努利分布。

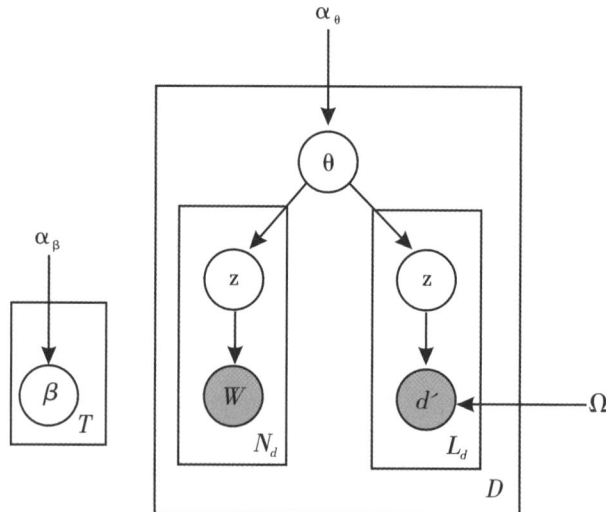

图 2 – 9 Link – LDA 模型的概率图表示[1]

①Erosheva E, Fienberg S, Lafferty J. Mixed – membership models of scientific publications[J]. Proceedings of the National Academy of Sciences, 2004, 101(suppl 1): 5220 – 5227.

多种 LDA 扩展模型。其中较为重要的一些模型包括作者主题模型、引文 LDA 模型、链接 LDA 模型等。

2.2.4.2 作者主题模型

作者主题模型(Author – topic model)[1][2]是一种较为成功的 LDA 扩展模型,它在原有 LDA 模型基础上引入作者变量。该模型的基本思路是假设每个作者都拥有一个主题分布,文献中的词是由文献中某个作者的主题分布生成。作者的主题分布也可以理解为作者的研究兴趣。这种假设较为合乎文献写作的客观过程,即文献是由其合作者所撰写的,由此特定的词必然是由某位合作者根据其知识背景(表现为主题)而产生出的。利用一种形式化地方式来表达一篇研究文献的写作过程:针对某篇文章 d,其所有作者 a_d 共同撰写该文,针对特定单词,随机从合作作者中选择一位作者 x,根据该作者的研究兴趣主题分布 θ_x 中确定一个研究主题 z,此时该篇论文也拥有了主题 z,然后在该主题的词项概率分布 ø 基础上生成一个这个单词 w;重复以上过程直至完成这篇论文的写作。

作者主题模型的这一过程可以采用概率图模型表示方法呈现,如图 2 – 8 所示。作者主题模型的概率图模型与 LDA 模型的差别是引入了可观察变量——论文 d 的所有作者 a_d,以及不可观察变量——作者 x,主题的生成同时受到作者和作者主题分布影响。而其他部分与 LDA 模型相似。

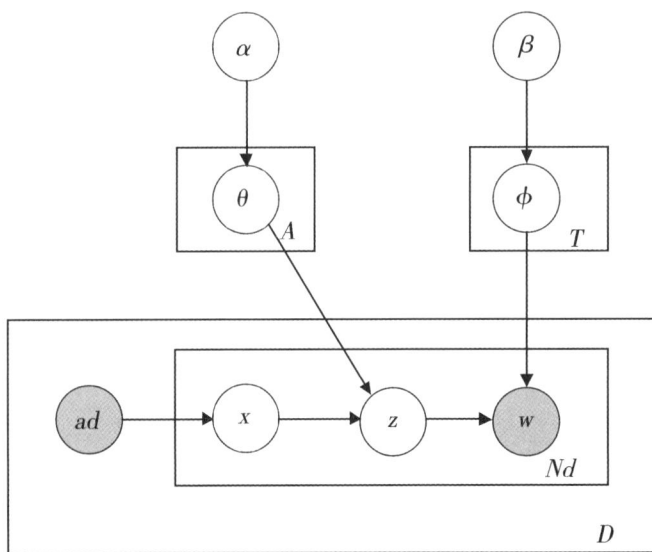

图 2 – 8　作者主题模型的概率图模型

①Rosen – Zvi M, Chemudugunta C, Griffiths T, et al. Learning author – topic models from text corpora[J]. ACM Transactions on Information Systems, 2010, 28(1): 1 – 38.

②Rosen – Zvi M, Griffiths T, Steyvers M, et al. The author – topic model for authors and documents[C]//Proceedings of the 20th conference on Uncertainty in artificial intelligence. AUAI Press, 2004: 487 – 494.

与 LDA 模型类似,可以采用整个文本集的生成过程来描述作者主题模型:

①初始化作者主题分布和主题词项分布;

针对每个作者 $a = \{1,\cdots,A\}$,该作者的主题分布 θ_a,服从 $\theta_a \sim \mathrm{Dir}(\alpha)$,$\alpha$ 为该分布的超参数,A 为作者总数;针对每个主题选择主题词项分布,服从 $\phi_t \sim \mathrm{Dir}(\beta)$,$\beta$ 为该分布的超参数,t 取值范围为 $[1,K]$,K 为主题数量。

②生成文档 $d = \{1, \cdots, D\}$ 的过程为:

假设该文档的作者集合为 a_d,依据多项式分布逐个生成文档中的词项:

选择作者 x,服从 $x \sim Uniform(a_d)$;

选择主题 z,服从 $z \sim p(z|x,\theta)$;

生成词项 w,服从 $w \sim p(w|z,\phi)$。

作者主题模型的求解也可以采用吉布斯抽样方法推算出模型中的各种概率分布。

2.2.4.3 链接 LDA 模型

在学术文献环境中,文献之间的引用关系是一种较为重要的学术交流机制。一些相关研究也尝试将文献引用关系整合到主题模型之中。Erosheva 等①提出一种链接 LDA 模型(Link - LDA),通过文献的文本内容和参考文献识别得到文献主题。Link - LDA 模型的概率图表示见图 2 - 9。从该图中可以看出,Link - LDA 模型中可观察变量除了文档中的词项外,还包括文档中的参考文献(d')。文档主题分布 θ 不仅影响词项的主题,同时还影响到参考文献的主题。参考文献的生成还需要服从某种分布 Ω,在 Erosheva 的文献中该分布可以是多项式分布或者伯努利分布。

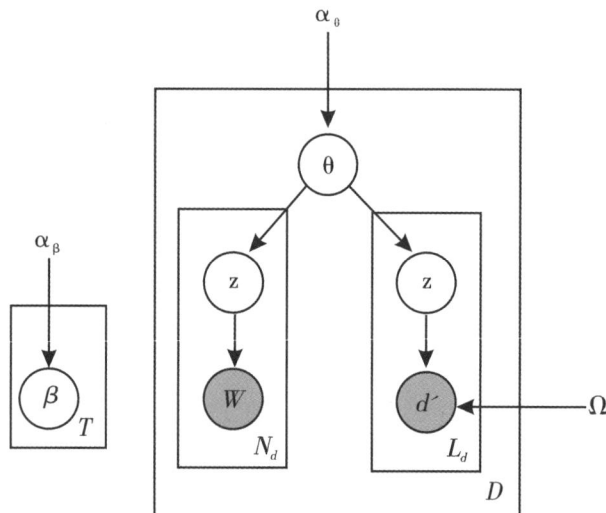

图 2 - 9 Link - LDA 模型的概率图表示①

---

①Erosheva E, Fienberg S, Lafferty J. Mixed - membership models of scientific publications[J]. Proceedings of the National Academy of Sciences, 2004, 101(suppl 1): 5220 - 5227.

除 Link – LDA 模型之外,Chang 和 Blei [1]提出一种整合链接结构和节点属性的关系主题模型,该模型显性地对文档间的关系建立了概率生成模型。Nallapati 等[2]提出两种模型,pairwise – link – LDA 和 link – LDA – PLSA,这两种模型均同时对文档和链接建模。这些模型均被用于文献参考文献推荐任务,其中 link – PLSA – LDA 表现出了较好的参考文献推荐性能。

2.2.4.4 作者场所主题模型

在学术文献环境中,除参考文献以外,文献发表场所(期刊、会议、研讨会、组织)等也是一种较为重要的元数据信息。在文献计量分析领域,期刊常被视为学科文献的集中地,也是用于分析学科发展的重要数据源选择标准,例如选择特定的核心期刊来研究某一学科的研究主题[3]。唐杰等[4]将文献发表场所视为一种模型可观察变量(Conference),将其整合到作者主题模型之中,提出一种作者场所主题模型(Author – Conference – Topic Model)。该模型的概率图模型参见图 2 – 10。与作者主题模型相似,文档的主题由作者的主题分布生成。所不同的是主题 z 不仅可以生成文档中的词项,还能生成场所变量(c)。场所变量生成时还受到分布影响,亦服从狄利克雷分布。作者场所主题模型提供了一种结构化分析作者、文献、发表场所的主题关系的方法。

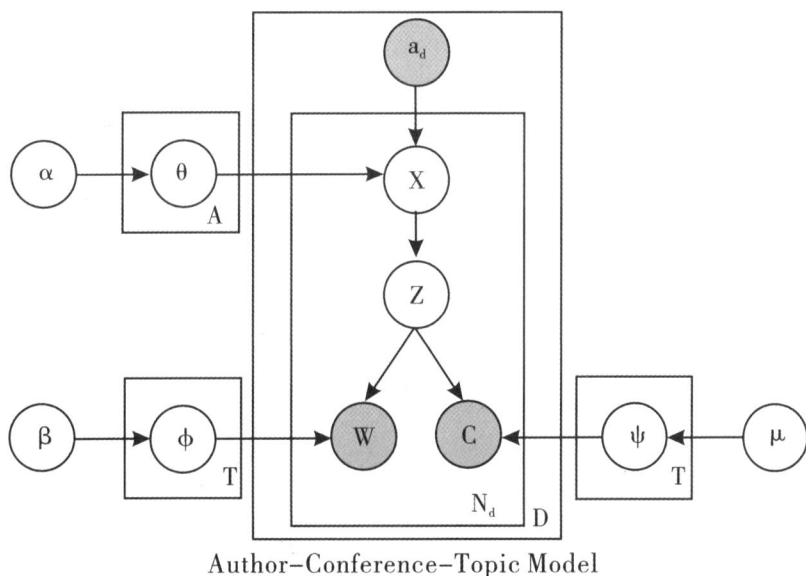

Author–Conference–Topic Model

图 2 – 10　作者场所主题模型[2]

①Chang J, Blei D M. Hierarchical relational models for document networks[J]. The Annals of Applied Statistics, 2010:124 – 150.

②Nallapati R M, Ahmed A, Xing E P, et al. Joint latent topic models for text and citations[C]//Proceedings of the 14th ACM SIGKDD international conference on Knowledge discovery and data mining. ACM, 2008:542 – 550.

③邱均平, 李爱群. 我国期刊评价的理论、实践与发展趋势[J]. 数字图书馆论坛, 2007, 3:1 – 8.

④Tang J, Jin R, Zhang J. A topic modeling approach and its integration into the random walk framework for academic search[C]//2008 Eighth IEEE International Conference on Data Mining. IEEE, 2008:1055 – 1060.

2.2.4.5 标签 LDA 模型

经典 LDA 模型中潜在主题是完全从数据集本身中发现得来,然而在一些数据环境中,部分元数据信息也能表示主题。在学术出版信息中,很多论文均有作者关键词或者由数据库系统的算法生成的关键词;在 PubMed 数据库中还有人工赋予的医学主题词;相似地,在社交网络中,较多平台允许用户为信息添加社会化标签。这些关键词、医学主题词、社会化标签,在某种程度上也可以被视为信息的主题,只不过这些主题是由人工或者系统赋予的。标签 LDA 模型(Labeled LDA)[1]将用户所标注的标签视为主题,训练主题与词项之间的关系。与 LDA 模型相似,标签 LDA 模型认为文档由一组主题分布混合而成,文档中的词由这些主题所生成。所不同的是,标签 LDA 模型增加了一个监督模块——文档的主题需要来源于标签集合。标签 LDA 模型的概率图模型参见图 2-11,其中文档标签集合产生于伯努利过程。

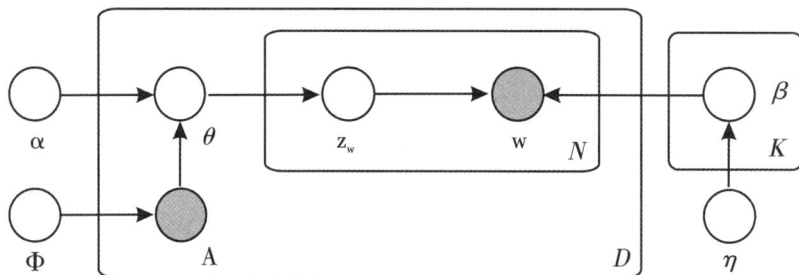

图 2-11　标签 LDA 模型[2]

2.2.5 主题模型在学术文献挖掘中的应用

主题模型改变了主题的表示方式,同时使得计算机能够理解并计算主题,且其识别效果较好,因而广泛被文本分类、聚类、摘要抽取等多种文本挖掘应用所采用[3],同时在学术文本挖掘中应用较多。从目前的研究来看,学术文献挖掘中应用主题模型主要有如下几个方面。

一是用于识别研究领域学术主题,深入剖析研究领域主题结构。早在 2004 年,Griffiths 和 Steyvers 运用 LDA 模型从 PNAS 期刊中 1991 至 2001 的所有文献中识别出了潜在

---

①Ramage D, Hall D, Nallapati R, et al. Labeled LDA: A supervised topic model for credit attribution in multi-labeled corpora[C]//Proceedings of the 2009 Conference on Empirical Methods in Natural Language Processing: Volume 1 - Volume 1. Association for Computational Linguistics, 2009: 248 - 256.

②Ramage D, Hall D, Nallapati R, et al. Labeled LDA: A supervised topic model for credit attribution in multi-labeled corpora[C]//Proceedings of the 2009 Conference on Empirical Methods in Natural Language Processing: Volume 1 - Volume 1. Association for Computational Linguistics, 2009: 248 - 256.

③祖弦, 谢飞. LDA 主题模型研究综述[J]. 合肥师范学院学报, 2015 (06): 55 - 58, 61.

学术研究主题,发现这种潜在主题能够反映学术研究的主题①。一些研究尝试将主题模型作为基础方法,进一步结合其他因素展开研究。De Battisti 等②认为潜在主题可以作为一种书目描述符(bibliographic descriptors),用以剖析文献中的主题,并从主题文献分布、主题引文分析、主题演化等多个角度来剖析领域文献的主题结构。Lee 等③在 LDA 主题识别的基础上,将主题分为研究主体和研究方法两种类型,通过两种主题在文献中的共现关系构建主体 – 方法二模主题网络,以揭示研究领域的主题结构。通过应用于信息通信领域,这种方法能够揭示了研究领域中的主题结构,通过主体 – 方法二模主题网络的节点中心性分析、边权重分析和社群分析,剖析了研究领域中重要的研究主体和研究方法,发现了研究主体与研究方法之间的关系,揭示出主题模块关系,并观察到随着时间变化以上主题结构的演化过程。该方法是一种细粒度地揭示研究领域中主题及主题间关联的方法。范云满和马建霞在 LDA 模型识别出的主题基础上,结合主题的新颖度、发文量和被引量,构建了一种新兴主题的特征指标,从而研究主题在进入成熟阶段前的不同时期表现出的不同特征④。祝娜等将 LDA 模型与语义角色标注技术结合来识别科技创新文献中的主题⑤。任柯等在跨学科环境中,根据新发表文献的主题分析,计算文献的语义相似性,从而产生跨学科文本检索推荐⑥。

二是将主题模型应用在学术评价之中。相对于学科评价而言,将研究主题作为一种评价粒度,是一种更为精细的评价方式,可以考虑不同主题所表现出的不同模式。Yan⑦在识别学科中研究主题的基础上得到论文的主题向量,在论文 – 期刊 – 作者形成的异质网络上,运用 PageRank 算法,可以得到该异质网络的各个主题中论文、期刊和作者的重要性指标,用于评价学科中各个主题的论文、期刊和作者。Amjad 等⑧在文献引用关系和元数据结构基础上构建了论文 – 作者 – 期刊异质网络,通过运用 ACT 主题模型识别出论文、作者和期刊的主题分布,进而在主题层次上,提出评价论文、作者、期刊的新指标。新的评价指标考虑了异质网络中其他类型实体,例如作者的评价同时考虑了作者和论文两种实体在异质网络中的结构。张金松等利用主题模型对原著、引文和被引文献进行主题分析,进而识别引用动机以及文献的引文贡献值⑨。Ding 将作者共被引网络进行主题分

①Griffiths T L, Steyvers M. Finding scientific topics[J]. Proceedings of the National Academy of Sciences, 2004, 101 (suppl 1): 5228 – 5235.

②De Battisti F, Ferrara A, Salini S. A decade of research in statistics: a topic model approach[J]. Scientometrics, 2015, 103(2): 413 – 433.

③Lee K, Jung H, Song M. Subject – method topic network analysis in communication studies[J]. Scientometrics, 2016, 109(3): 1761 – 1787.

④范云满, 马建霞. 基于 LDA 与新兴主题特征分析的新兴主题探测研究[J]. 情报学报, 2014, 33(7): 698 – 711.

⑤祝娜, 王效岳, 杨京, 等. 基于 LDA 的科技创新主题语义识别研究[J]. 图书情报工作, 2015 (14): 126 – 134.

⑥任柯, 黄智兴, 邱玉辉. 基于主题模型的跨学科协作文献推荐[J]. 计算机科学, 2012, 39(9): 235 – 239.

⑦Yan E. Topic – based Pagerank: toward a topic – level scientific evaluation[J]. Scientometrics, 2014, 100(2): 407 – 437.

⑧Amjad T, Ding Y, Daud A, et al. Topic – based heterogeneous rank[J]. Scientometrics, 2015, 104(1): 313 – 334.

⑨张金松, 陈燕, 刘晓钟. 基于主题模型的文献引用贡献分析[J]. 图书情报工作, 2013, 57(04): 120 – 124,137.

面,进而将 PageRank 用于在主题层面对研究人员进行评价①。

三是理解科学研究演化。科学研究是一个动态演化发展的过程,从研究主题角度来看,也伴随着主题的产生、发展和更新换代。因此,通过观察研究主题的动态变化,可以反映和阐释科学研究的动态演化。Yan 等②认为在科学研究过程中研究社群与研究主题是一种共生、协同演进的关系,其中研究社群代表了科学研究中的"无形学院"。该研究以信息检索研究领域为例,采用社群发现算法从信息检索领域作者合作网络中识别出研究社群、采用 ACT 主题模型从中识别出 10 个研究主题,通过计算研究社群与研究主题之间的语义相似性,动态观察到研究社群与研究主题之间的关系。

---

①Ding Y. Topic - based PageRank on author cocitation networks[J]. Journal of the Association for Information Science and Technology, 2011, 62(3): 449 - 466.

②Yan E, Ding Y, Milojević S, et al. Topics in dynamic research communities: An exploratory study for the field of information retrieval[J]. Journal of Informetrics, 2012, 6(1): 140 - 153.

第3章
交叉学科的潜在主题识别研究

3.1 引言

主题的识别与分析是学术信息挖掘和分析中的一项重要研究任务,所涉及的相关学科主要包括科学学、科学计量学、情报学、计算机科学等等。这项研究本身也是一个多学科、跨学科研究领域。现有研究中对于"主题"还没有统一的定义。在语言学中,主题是指一个句子、一段话等内容所讨论的东西,而这些内容是关于该主题的具体论述①。而从语义学角度来理解,主题是基础概念单元的集合,在语义空间上表现为概念单元的聚类,同时主题具有层次性和交义性等。在学术信息领域,较多研究从语义学角度将主题理解为研究主题或者研究方向。本书对于交叉学科主题的研究也延用这一概念,将主题理解为交叉学科中的研究主题。

从研究主题的表示来看,主要有主题标签法表示和计量实体聚类表示两种②。主题标签法表示是采用能够表达研究主题的主题词来表示,这种主题词可以是人工指定的,例如作者指定的关键词、标引人员赋给的主题叙词,也可以是计算机从文献的标题、摘要以及全文中根据某种规则或算法抽取出来的。计量实体聚类表示是采用计量实体的集合体现研究主题的语义内容。这里计量实体包括评价实体和知识实体两种③,其中评价实体可以用于学术评价,主要包括论文、作者、期刊、机构、国家等,知识实体则是学术文献中的知识单元,包含原理、方法、数据集以及领域中的各种知识单元(例如医学领域的疾病、药物、基因等)。

针对交叉学科,研究主题可以表示为交叉学科相关的关键词、论文、期刊、作者等科学计量实体的聚类。这种表示方法的底层原理事实上来自于交叉学科的科研活动:一批科研人员围绕某一交叉学科研究主题开展科学研究工作,参考相关学术会议,撰写研究成果发表在相关专业学术期刊上。从学术文献中发现计量实体聚类的方法主要有信息

---

① Wikipedia Topic_and_comment [EB/OL]. https://en.wikipedia.org/wiki/Topic_and_comment. 2017/1/2.

② 毛进. 主题科研社群的识别与演化研究[D]. 武汉:武汉大学,2015.

③ Ding Y, Song M, Han J, et al. Entitymetrics: measuring the impact of entities[J]. PLoS One, 2013, 8(8): e71416.

计量、文本挖掘和网络挖掘三种方法①。尽管三者所使用的底层原理和实现方法各不相同，但三种方法都是从能够体现研究内容的文本中自底向上地去发现计量实体聚类来表示研究主题。换言之，研究主题是从研究活动中浮现出来的语义结构，是一种潜在结构。从这种意义来看，采用预定义的分类体系在研究主题发现过程中则具有一定的不足，预定义方法不够动态地适应研究活动的变化，一些新兴知识的产生无法体现在预定义的主题分类体系之中。基于此，本书认为学术活动中的研究主题发现应当考虑这种动态、潜在的知识结构。

交叉学科是由多个学科知识结合创新而形成的一种新兴学科。从知识基础来看，交叉学科依赖于相关基础学科的知识；从知识延续来看，交叉学科知识是基础学科知识的创新和再生产。因此，交叉学科与基础学科存在着天然的关联性。那么，通过什么方式可以去发现这种知识关联呢？科学计量研究领域中的引文分析方法是一种发现知识延续的方式，它依赖于学术交流中的引证行为。除这种行为符号的关联外，交叉学科与基础学科还存在着语义关系，即知识的关联也会反映在学科中的主题关联上。基于这种假设，识别交叉学科的主题，是探索交叉学科主题与基础学科主题之间的关联性的前提，能够为探寻交叉学科与基础学科关系服务。

当前研究中存在一些关于交叉学科主题结构的研究②③，这些研究的重点在于揭示交叉学科的主要研究主题，强调专家解释，以深刻认识交叉学科的研究现状。较少研究将交叉学科与相关基础学科的主题结合起来研究，主要存在如下不足之处：①由于交叉学科与基础学科存在着知识内容的关联，仅从交叉学科的研究成果中去识别主题，而不结合基础学科的研究内容，有可能引起主题识别误差；②当前主流方法存在一些不足（参见章节1.2.2 交叉学科主题分析研究现状），有必要探索一些新方法来识别交叉学科研究主题。

有鉴于此，本章将首先分析交叉学科主题识别的数据集构建需求，整合交叉学科与基础学科形成相对较为完整的数据集。在方法上，将采用主题模型中的潜在狄利克雷分配模型（Latent Dirichlet Allocation，LDA）④从交叉学科数据集中识别出交叉学科的研究主题。该方法是一种机器学习方法，能够满足从文本集内容中自底向上地识别出文本集中的潜在主题结构。本章将以数字图书馆研究领域为示例交叉学科，探索利用LDA模型识别研究主题之一方法的适用性，并深入分析所识别出的各个研究主题。

---

①毛进. 主题科研社群的识别与演化研究[D]. 武汉:武汉大学,2015.

②Piepenbrink A, Nurmammadov E. Topics in the literature of transition economies and emerging markets[J]. Scientometrics, 2015, 102(3): 2107−2130.

③Chi R, Young J. The interdisciplinary structure of research on intercultural relations: a co−citation network analysis study[J]. Scientometrics, 2013, 96(1): 147−171

④Blei D M, Ng A Y, Jordan M I. Latent dirichlet allocation[J]. Journal of machine Learning research, 2003, 3: 993 −1022.

3.2 交叉学科数据集构建

3.2.1 交叉学科数据集构建需求及方法

利用文本挖掘方法识别交叉学科中研究主题的第一步是构建交叉学科相关的文本数据集,包含交叉学科相关的各种文本内容。一个理想的交叉学科文本数据集应当满足以下需求:①主题覆盖面广。为了全面地了解交叉学科的各个研究主题,需要尽量多地收集关于交叉学科各个研究主题的文献信息。②易于文本解析。文本挖掘依赖于能够被计算机读取的文本内容,因此可用的文献格式应当是容易从中解析出文本内容的文档。诸如照片和较旧格式的 PDF 文件较难获取其中的文本,或者需要采用一定的人工清洗工作,容易引起文本挖掘误差。③容易提取结构性元数据。学术文献中包含了各种题录信息,例如标题、关键词、摘要、作者、期刊等结构性元数据。这些元数据包含了学术活动中重要的实体信息,例如作者体现了研究活动的科研人员,期刊是学术活动的重要交互场所,关键词等也体现了重要的语义信息,这些信息有利于对交叉学科进行各个维度地研究和分析工作。因此,若能方便地从交叉学科数据集中提取文献中的结构元数据,将有助于分析交叉学科中各种实体的关系。

除以上需求以外,体现交叉学科研究内容的文本来源可以是研究成果文献,也可以是项目资助申请书①。研究成果文献是交叉学科研究活动的成果,通过研究成果文献来体现交叉学科研究内容是从科研活动产出的角度进行衡量。从科研活动过程和时间线来看,研究成果对于科研活动的主题呈现具有延迟效应,科研活动的过程环节不能体现出来。而从项目资助申请书内容中挖掘交叉学科研究主题,则是从研究的投入角度来理解交叉学科研究主题。事实上,由于项目申请书一般经过了事先预研,且带有对未来研究活动的指导作用,因此从项目资助申请书来反映交叉学科主题具有更新的时效性和一定的预判性。

在研究主题覆盖方面,研究交叉学科的数据来源仅包含交叉学科本身,事实上可能并不能全面的收集相关研究主题的文本数据。交叉学科与基础学科存在着知识关联,一方面交叉学科中的研究主题可能在相关基础学科中也存在,另一方面交叉学科中的研究主题也可能从基础学科的相关研究主题发展而来,即交叉学科的研究主题与基础学科的研究主题存在较大关联。仅从交叉学科的文本中去识别主题,而不结合基础学科的研究内容,有可能引起主题识别误差。因此,研究某一交叉学科的研究主题,需要将相关基础学科的文本也收集起来,形成整合交叉学科和相关基础学科的集成数据集。

---

①Nichols L G. A topic model approach to measuring interdisciplinarity at the National Science Foundation[J]. Scientometrics, 2014, 100(3): 741-754.

在实践操作过程中,构建一个完全理想的交叉学科集成数据集几乎无法实现,因为获取交叉学科和相关基础学科的所有研究文本(包括研究投入和产出相关文献)会遇到各种阻碍。从可操作性来讲,学术数据库是获取交叉学科文本的重要数据源。目前规模较大的学术数据库,例如 Web of Knowledge①、Scopus② 等,收录了较为全面的多个学科中的学术研究成果。针对单个学科而言,一般包含该学科中的主流研究期刊中发现的文献,覆盖该学科中的各个研究主题。同时,这些数据库提供了较为方便的检索接口和下载接口,下载的格式一般为普通文本,通过计算机处理较为容易,而且这些文本一般为结构化或者半结构化文本,能够从中提取出相关元数据。除学术数据库外,一些研究项目尝试构建关于某个研究领域的全面的研究文献,例如计算机科学领域的 dblp(computer science bibliography)③数据集、计算语言学领域的 ACL 数据集④。

针对数字图书馆这一交叉研究领域,本书将从学术数据库中收集该交叉学科及相关基础学科的相关文献,构建集成数据库。具体而言,本书将选择 Web of Science(WoS)数据库作为数据源,从中采用检索－下载的方法,检索出数据库中相关文献,然后下载文献题录。

3.2.2 关联基础学科识别

本书将交叉学科所赖以发展的学科称为基础学科,是一种相对性概念,具体交叉学科存在一些基础学科。构建交叉学科数据集时,需要将相关的基础学科文献数据也作为数据集的一部分,以提升交叉学科主题识别的精确。识别交叉学科的关联基础学科,也变得十分重要。交叉学科的关联基础学科,可以通过学科间的关联程度进行判断。目前主要的方法包括专家分析法、期刊耦合法和引文分析法等。

3.2.2.1 专家分析法

长期从事某一交叉学科研究的科研人员,对该交叉学科及其关联的学科具有较为深刻的理解和认识。借助专家的理解和分析,是判断交叉学科关联基础学科的一种重要方法。结合专家知识,可以分析交叉学科的内部知识结构,以及与外部关联基础学科之间的联系。一些研究文献,对学科及其关联学科进行了深度的研究,这些研究即是一种专家解读,例如张新平对于教育管理学的学科关联研究⑤。专家分析法是一种较为主观的分析方法,为更加深入地理解交叉学科和相关基础学科的关系,可以提高采访专家的数量,综合分析专家意见。

①Web Of Science[EB/OL]. http://www.webofknowledge.com/. 2015/9/20.

②Scopus[EB/OL]. https://www.scopus.com/. 2016/9/21.

③dblp: computer science bibliography[EB/OL]. http://dblp.uni－trier.de/. 2015/10/23.

④ACL Anthology[EB/OL]. http://aclweb.org/anthology/. 2016/10/21.

⑤张新平. 教育管理学的学科关联探析[J]. 教育理论与实践,2007,27(2):21－24.

3.2.2.2 期刊耦合法

学术期刊是科学研究交流活动的重要场所,一般发表某一研究领域中的科学研究成果。在目前主流学科数据库中,一般对期刊进行学科类别划分。在科学计量研究中,常采用期刊来选择某一学科的核心研究文献。通过期刊中的文献能够反映某一学科的研究状况,另一角度来看发表在同一期刊中的文献也存在着研究领域相似性关系,这种相似性是经过期刊编辑按照期刊办刊主旨和主要研究主题决定的。

通过分析两个学科中文献所发表的期刊覆盖情况,可以衡量两个学科之间的相似性。两个学科所发表的相同期刊越多,刊文频次分布越相近,两个学科之间的相似性越高。目前,期刊耦合分析还没有较为严格的量化方法进行衡量,可以借助于 Jaccard 指数、余弦相似性指数等常规相似性衡量指标进行分析。

3.2.2.3 引文分析法

引文分析方法认为施引文献与被引文献之间存在着某种知识关联,这种知识关联通过引用关系进行表达。引文分析方法通过采用数学和统计方法,对科学文献交流中的论文、作者、期刊等各种分析对象间的引用和被引用现象进行数理分析,揭示现象背后的数量特征和内在规律[1]。引文分析方法所使用的基础数据是文献之间的引用关系。在学科层面上,将学科中所有文献的引用和被引信息汇集起来,则形成学科的引用和被引用信息,反映的是学科知识的输入和输出。通过学科之间的引用和被引用关系,采用某种方法则可以量化得到学科之间的关联。笼络来讲,这种关联体现了学科之间的相近性或相似性。针对交叉学科和基础学科关系来讲,基础学科更多地充当着知识输出的角色,即基础学科被交叉学科所引用。因此,在分析学科间关系时,交叉学科更多地引用基础学科的论文。

从量化指标来看,从交叉学科引文的学科分布中,可以统计得到交叉学科相关的基础学科。交叉学科引文的学科分布是统计交叉学科所引用的论文的学科频次得到,是被引学科的引文量分布情况[2]。例如,冯雪梅和邓小昭经过统计发现,情报学的被引学科按引文量分布,主要包括情报学、图书馆学、计算机与通信技术、经济学等[2]。基于这一引文学科分布统计,可以认为情报学的关联基础学科包括图书馆学、计算机与通信技术和经济学等。

除引文学科分布以外,还可以通过学科互引[3]来衡量学科之间的相互关系。学科互引是指两个学科之间的相互引用情况,相互引用越多,表明两个学科间知识流动越频繁,说明两个学科之间关联性越强。如果某一学科与交叉学科的互引越多,表明该学科一方

---

① 邱均平. 信息计量学[M]. 武汉:武汉大学出版社,2007.
② 冯雪梅,邓小昭. 论情报学的相关学科及发展[J]. 情报杂志, 2008, 27(2): 96 – 98.
③ 蔡璐. 基于引文分析法的学科关联分析[D]. 上海师范大学, 2011.

面是交叉学科的重要基础学科,另一方面该学科的发展也吸纳了交叉学科所产生的知识,表明交叉学科也促进了该基础学科的发展。在学科互引信息基础上,可以构建学科间引用网络,该网络是一种有向网络。借助社会网络分析方法,可以量化分析学科之间的关系和结构。

除了基于直接引用关系以外,引文分析方法中还采用共被引和引文耦合方法来分析对象之间的相似性关系。共被引分析中一种重要的假设是两篇论文同时被其他论文引用,那么两者之间存在着一种被第三方所感知的相似性①。简单来讲,两篇论文被其他论文同时引用,则两种之间具有相似性。两篇论文共同被越多的论文引用,两者之间的共被引越高,则相似性越高。与共被引分析类似,引文耦合分析假设两篇论文的共同参考文献越多,两者越相似②。共被引分析和引文耦合分析方法的分析对象可以扩展到作者和学科,从而衡量作者或者学科之间的相似性。

共被引分析和引文耦合分析所衡量的是学科间的知识相似性,而未从知识流动的角度来分析学科间关系。相对于引文学科分布而言,共被引分析和引文耦合分析识别交叉学科的相关基础学科时,需要进一步的分析工作,对相似性较高的学科进行分析才能得到相关的基础学科。

综上所述,判断交叉学科的基础学科,可以采用专家分析法、期刊耦合法和引文分析等定性和定量分析方法。在识别出相关基础学科之上后,将这些基础学科中的研究文献整合到交叉学科文献中,构建整合的交叉学科主题挖掘数据集。

3.3 基于 LDA 的交叉学科潜在主题识别过程

经过上一步构建形成交叉学科集成数据集,从而获取到交叉学科相关的文本内容。本节从交叉学科文本内容中,经过数据集预处理、LDA 主题模型训练、潜在主题标签标注等处理过程,挖掘出交叉学科中的潜在主题。同时,该过程也能识别出交叉学科中的每篇文献的潜在主题。本节主要对这一过程进行详细描述。

3.3.1 数据集预处理

本书通过文献检索的方式从 WoS 数据库中查询得到交叉学科相关文献,并下载其题录信息得到交叉学科相关的文献及其文本内容。从下载的数据格式来看,所得到的文本属于半结构化文档,主要数据项包括出版类型(PT)、作者(AU)、文献标题(TI)、作者关键

①White H D, Griffith B C. Author cocitation: A literature measure of intellectual structure[J]. Journal of the Association for Information Science and Technology, 1981, 32(3): 163 - 171.

②Zhao D, Strotmann A. Author bibliographic coupling: Another approach to citation - based author knowledge network analysis[J]. Proceedings of the Association for Information Science and Technology, 2008, 45(1): 1 - 10.

词(DE)、摘要(AB)等等①。从 WoS 数据库中下载得到的题录文件一般包含多个文献的题录信息,需要进行分割。本研究采用 Java 语言编写程序从题录文件中解析得到每篇文献的结构化题录项及其值,然后存储到关系数据库 MySQL 表结构之中。本研究设计的主要数据库表包括文献表、文献关键词表、文献作者表、文献引文表等。其中文献表用于存储文献的主要题录信息,文献关键词表存储文献中的作者关键词,文献作者表用于存放文献的作者信息,文献引文表用于存储文献中所引用的参考文献。采用关系数据库进行存储,可以较为方便地处理不同表结构数据之间的关联关系,例如关键词表、作者表、引文表均与文献表相关。

　　LDA 主题模型识别方法依赖于文本内容作为输入。在 WoS 下载的所有题录中,存在一些非文本的题录信息,例如期刊、出版年等,而本书只考虑能够反映文献内容的题录项,包括标题、作者关键词和摘要等。将三个文本题录项进行不同的组合,能构成不同结构的文献文本内容。研究发现,将摘要作为文本内容能够获取较高的查全率、较小的信息熵以及合适的主题抽取广度和主题粒度②。其中作者关键词较为离散,且并非所有文献均含有作者关键词,本书暂不考虑。鉴于此,本研究将标题和摘要组合成为一个文献的文本内容,即标题和摘要构成一篇文档。LDA 主题模型不考虑文档中词出现顺序,因此,组合时标题和摘要的组合顺序不影响潜在主题识别结果。

　　LDA 主题模型中需要将文本中的词项作为基本单元。不同语言对于词项的分割方式不同。针对中文文本,可采用中文分词算法③对文本进行分词处理,然后词与词之间以空格分开。英文文本则不存在分词问题,直接根据空格和标点符号进行词项分隔。在英文文本中,相同语义的词项可能存在不同的时态、单复数等表现形式,例如"apple"和"apples"语义相同,但字面显示形式不同。针对英文文本,运用 Porter 算法④对文本中的词项进行词干提取,将词干作为最终的词项。经过以上处理后,将所有单篇文档表示为文档词向量形式,作为 LDA 模型的最终输入格式。

3.3.2 LDA 主题模型训练

　　LDA 主题模型训练过程,根据一定的模型参数设置,从输入文档数据集内容中,得到与数据集最为相符的文档主题概率分布和主题词项概率分布。表 3 – 1 列出了 LDA 主题模型的主要参数及其默认值。其中,模型的求解算法采用吉布斯抽样算法,模型的求解过程是一个不断优化的迭代过程。抽样过程迭代次数决定了算法是否取得最优解以及最终模型中的文档主题概率分布和主题词项概率分布。α 是文档主题概率分布 θ 的超参

①Web of Science Help Field Tags (Articles and Conference Proceedings)[EB/OL]. https://images. webofknowl-edge. com/WOK50B6/help/WOS/h_fieldtags. html. 2016/5/21.

②关鹏, 王曰芬, 傅柱. 不同语料下基于 LDA 主题模型的科学文献主题抽取效果分析[J]. 图书情报工作, 2016, 60(2): 112 – 121.

③黄昌宁, 赵海. 中文分词十年回顾[J]. 中文信息学报, 2007, 21(3): 8 – 19.

④Porter M F. Snowball: A language for stemming algorithms[J]. Open Source Initiative Osi, 2001, (10): 1 – 17.

数,可以理解为狄利克雷分布的先验参数。α 值越大,说明文档更有可能是由较多主题混合生成(文档中主题密度较大),α 值越小,说明文档仅由较少主题混合而成。β 是主题词项概率分布 ϕ 的超参数。与 α 值类似,β 值越大,说明单个主题可能由较多的词项组成,主题中词项密度较大,而 β 值越小,说明主题由较少的词项组成。本研究将这两个参数设置为默认值,超参数 $\alpha = 50/K, \beta = 0.01$。

表 3 - 1　LDA 主要参数及默认值

参数名	参数意义	默认值
α	文档主题分布 θ 的超参数	$50/K$
β	主题词项概率分布 ϕ 的超参数	0.01
NN	Gibbs 抽样过程迭代次数	1000
K	潜在主题数量	-

参数 K 表示潜在主题数量,决定了从文档数据集中识别出多少个潜在主题。最优的参数 K 选择可以采用模型困惑度(Perplexity)或者主题相似度指标进行衡量。模型困惑度(Perplexity)越低,代表潜在主题模型对于词项的主题预测确定性越高。主题相似度越低,表明所得到的潜在主题彼此之间语义距离越大,即相互独立性越高。本书将采用的参数 K 确定策略是:固定其他参数,包括超参数 α 和 β,观察不同 K 值下模型困惑度(Perplexity)值变化情况,结合定性分析,当模型困惑度值最小时的 K 值即为最优值。

应当指出,训练所得到的 LDA 主题模型是对输入交叉学科文本内容的最适宜拟合,同时该模型也可以用于预测新文本的主题分布。本书仅对交叉学科数据集进行一次性分析,未考虑用训练所得模型预测新文献的主题分布。

3.3.3 潜在主题标签标注

LDA 主题模型的结果中,潜在主题表示为一种词项的概率分布,是一种数学表现形式。在对交叉学科主题进行深度分析时,利用潜在主题的词项概率分布表示,较难进行主题标识。为了便于对潜在主题进行解释,需要利用主题标签对每个潜在主题进行标识。本书采用人工标注方法为每个识别出的潜在主题赋予一个关键词或者短语来表示该主题的内涵。具体而言,根据潜在主题词项概率分布中概率值对词项进行排序,以概率较大的词项为基础,选择其中的词项或者组合这些词项形成主题标签。在赋予主题标签时,需要咨询领域专家意见,确定最终的主题标签。

在图 3 - 1 所示主题中,概率值排序靠前的包括"geograph""spatical""gi""data"等。从这些词的语义来看,这一主题与地理、空间和数据有关。因此,可以采用"地理信息"这一主题标签来表示该主题。

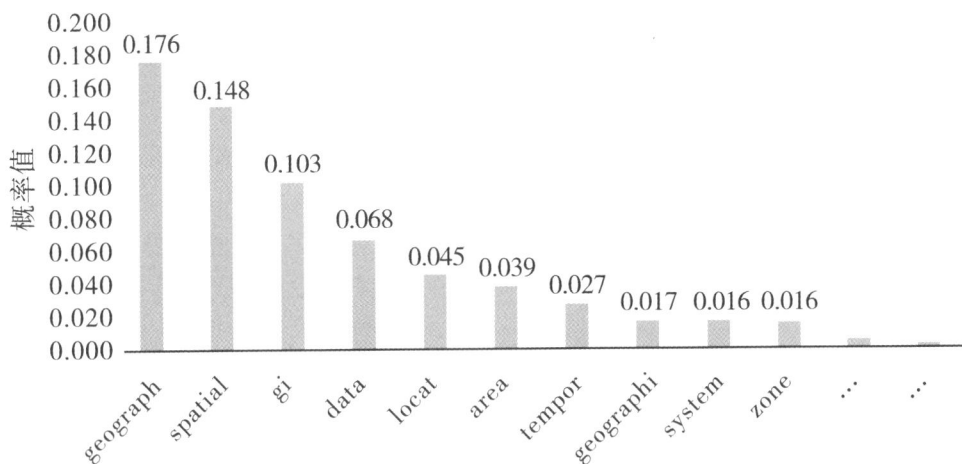

图 3-1　主题标签标注示例——"地理信息"主题

利用主题标签来表示潜在主题,较为直观而且便于人类理解。这种方式的不足在于主题标签的语义,与真实的潜在主题语义之间存在着一定的语义偏差。不过,这种偏差一般较小,且不影响人类理解。

3.3.4 文献的主题划分

LDA 主题模型训练的结果不仅获取到每个潜在主题的词项概率分布,同时也得到每篇文档的主题分布,即每篇文章中不同的潜在主题可能都有所体现,只是不同主题的概率值不同。针对交叉学科文献,经过 LDA 主题模型训练,可以获得每篇文献的主题概率分布情况。一般而言,单篇文献存在较少数量的主要主题,因而需要采用一定的潜在主题划分策略来判定文献的主要主题。主要的文献主题划分策略包括以下几种。

(1)唯一主题法。唯一主题法认为每篇文章包含且仅包含一个主要主题。

(2)TopN 主题法。TopN 主题法认为每篇文献包含固定数量(N)的主题,其选择方法是将文献的所有主题按其概率值大小排序,取排序列表中前 N 个主题作为该文献的主题。

(3)TopN 阀值法。该方法是在 TopN 主题划分方法的基础上,结合概率阀值设定,在 TopN 主题基础上,过滤掉概率值小于某一阀值(δ)的主题,保留剩余主题。因此,TopN 阀值法确定的每篇文献主题数量小于或等于 N。

在不同主题划分方法下,整个数据集中每个主题的文献数量可能不同。采用唯一主题法,数据集中每个主题的文献数量最少。采用 TopN 主题法,N 值越大,每个主题中的文献数量越多,其总和越大;N 值越小,每个主题中的文献数量越少,其总和也越小。TopN 阀值法中主题文献数量随 N 值的变化规律与 TopN 主题法类似,主题概率阀值 δ 越大,文献中满足要求的主题数量越少,则每个主题中的文献数量也越少;主题概率阀值越小,文献中满足要求的主题数量越多,则每个主题中的文献数量则越多。在具体场景下,需要采用合适的文献主题划分方法,对交叉学科潜在主题识别结果进行阐释。本书亦采用 MySQL 数据库存储文献的主题识别结果。

3.4 实证研究——以"数字图书馆"为例

本节以"数字图书馆"为交叉学科示例,运用 LDA 潜在主题模型挖掘其中的潜在主题,并详细阐述所得到的潜在主题,以示 LDA 潜在主题模型挖掘交叉学科主题的适用性。

3.4.1 集成数据集构建

作为示例交叉学科,本书选取笔者较为熟悉的数字图书馆研究领域进行研究。数字图书馆是近年来信息技术与传统图书馆学科相结合而产生的一门新兴学科。根据已有研究,数字图书馆的教育和科学研究均涉及到多个学科[①],其学科体系包括数字图书馆理论基础、数字图书馆建设的基本技术以及数字图书馆的管理和运营。从学科定位来看,数字图书馆研究领域属于交叉学科[②]。经过与相关专家的咨询讨论,本书确定了数字图书馆的主要关联基础学科。从学科渊源来看,数字图书馆立足于传统图书馆学,并与信息科学、信息系统等研究具有较大关联,因而本书视图书馆学、信息科学、信息系统等为基础学科,视"数字图书馆"为以三者为基础的交叉学科。相应地,根据本书对于交叉学科数据集构建的要求,探索数字图书馆学科的潜在主题结构亦应将图书馆学、信息科学以及信息系统等三个基础学科的文献内容考虑进来。因此,本书研究数据将整合这四个学科的相关文献构建数字图书馆交叉学科集成数据集。

本书将从学术数据库中采集四个学科的研究文献。汤森路透 WOS(Web of Science,现为 Web of Knowledge)数据库[③][④]收录有世界范围内多个学科的顶级学术期刊,其特点是收录范围广、文献质量较高。本书分别检索图书馆学、信息科学、信息系统和数字图书馆的研究文献作为研究数据。具体检索式以表 3 − 2 所示的数字图书馆学科文献检索式为例,其中主题检索式项(TS)为"DIGITAL LIBRARY",以 WoS 中的 SCIE(Science Citation Index Expanded)和 SSCI(Social Sciences Citation Index)数据库为文献来源检索库,时间跨度为 1990 年至 2014 年,文献类型为期刊论文、会议论文、综述、社论和书评。其他学科文献检索式与此类似,唯一不同之处在于主题项不同。图书馆学、信息科学和信息系统学科所采用的主题项分别是 TS = "Library"、TS = "Information Science"以及 TS = "Information System"。

---

①Arms W Y. Digital libraries[M]. MIT press, 2000.

②王鉴辉. 数字图书馆基本理论研究初探[J]. 中国图书馆学报, 2002, 28(2): 51 −53.

③Web of Science[DB/OL]. [2015 −10 −15]. http://www.webofknowledge.com.

④汤森路透集团已将 WOS 数据库于 2016 年出售给加拿大 Onex 公司和霸菱亚洲投资基金。

表 3 - 2　数字图书馆学科文献检索式

检索式项	约束值
主题(TS)	"DIGITAL LIBRARY"
数据库	Science Citation Index Expanded（SCI－EXPANDED）—1900 年至今 Social Sciences Citation Index（SSCI）—1900 年至今
文献类型	（ARTICLE OR EDITORIAL MATERIAL OR PROCEEDINGS PAPER OR BOOK REVIEW OR REVIEW）
时间	1990—2014

　　经过以上检索式得到的学科文献数据集一般分散在多个 WOS 学科分类之中。事实上,仅通过以上检索得到的文献中包含着一定的非相关文献,应当予以过滤。进一步,本书采用限定 WOS 学科分类的方法,过滤在非相关文献。为得到每个学科的核心文献集合,将图书馆学科的题录限定在信息科学与图书馆科学分类中,数字图书馆、信息科学的题录限于信息科学与图书馆科学和计算机相关分类中,信息系统的题录限定于信息科学与图书馆科学、计算机相关分类和管理科学分类中。通过以上过滤操作,分别检索并下载四个学科的核心文献题录作为每个学科的数据集。同时,图书馆学、信息科学、信息系统学科与数字图书馆学科可能存在相同的文献,故需要从图书馆学、信息科学、信息系统学科题录中去除与数字图书馆学科重合的题录,使得各个学科之间的数据独立。最终,四个学科的题录数量参见表 3 - 3。将各个学科的题录进行最终整合,形成拥有 27147 条题录的最终数据集。进而,运用本书数据集预处理方法,提取并存储文献基础题录数据,抽取标题和摘要作为文本内容,采用 Porter Stemer 进行词干提取,得到每个数据集最终的词项数量,亦见表 3 - 3。

表 3 - 3　四个学科的题录数量

学科	题录数量	重合题录数量	保留题录数量
图书馆学	16904	904	16000
信息科学	4265	40	4225
信息系统	5265	25	5240
数字图书馆	1682	-	1682
基础学科间重合题录数	1771	-	
总和	28116	2740	25376

3.4.2 数字图书馆与基础学科关系分析

在构建数字图书馆数据集时,采用专家分析法识别出与数字图书馆相关的部分主要基础学科。为验证所选择的基础学科的合理性,这里进一步采用期刊耦合分析方法进行定量分析加以佐证。

表 3-4 左侧列出了数字图书馆学科前 10 个主要发文期刊,包括 LECT NOTES COMPUT SC、ELECTRON LIBR 和 INFORM PROCESS MANAG 等。该表右侧分别列出了三个学科中这 10 个期刊的发文量排序,例如在图书馆学科中 LECT NOTES COMPUT SC 共发表 120 篇文献,在所有图书馆学发文量期刊排列中排第 40,ELECTRON LIBR 共发表 800 篇文献,排第 3。通过观察发现,数字图书馆学科前 10 期刊均刊载有关于图书馆学、信息科学和信息系统三个学科的文献。进一步可以发现,在这 10 个期刊中,图书馆学发文量最多的期刊是 J ACAD LIBR,信息科学发文量最多的期刊是 J AM SOC INF SCI TEC,信息系统发文量最多的期刊是 LECT NOTES COMPUT SC,表明这三个学科发文量最多的期刊均出现在了数字图书馆前 10 期刊之中。由此可以推断,数字图书馆与这三个学科的期刊存在较高的耦合度,也表明将这三个学科作为数字图书馆这一交叉学科的基础学科具有一定的合理性。

通过数字图书馆排名前 10 期刊在三个学科中发文量平均值和发文量排序平均值可以初步得到三个学科与数字图书馆学科的关联性大小次序。从表 3-4 中可以看出,图书馆学该 10 个期刊的平均发文量排名为 18.5,信息科学中这 10 个期刊的平均排名为 27.1,而信息系统学科中的平均排名为 27.1。由此可得图书馆学与数字图书馆学的关联最强,信息科学次之,信息系统最差。同时,这 10 个期刊在三个学科中的平均发文数量也印证了这一结论。

表 3-4 数字图书馆前 10 名期刊在基础学科中发文排序和发文量情况

数字图书馆			图书馆学		信息科学		信息系统	
期刊排序	期刊名	发文量	期刊排序	发文量	期刊排序	发文量	期刊排序	发文量
1	LECT NOTES COMPUT SC	342	40	120	33	32	1	317
2	ELECTRON LIBR	106	3	800	21	51	48	22
3	INFORM PROCESS MANAG	54	36	183	13	68	40	28
4	J AM SOC INF SCI TEC	44	22	268	1	226	61	18
5	J ACAD LIBR	38	1	1044	19	53	161	8
6	ONLINE INFORM REV	34	35	164	30	35	214	4
7	PROGRAM – ELECTRON LIB	34	18	374	58	15	97	12

数字图书馆			图书馆学		信息科学		信息系统	
期刊排序	期刊名	发文量	期刊排序	发文量	期刊排序	发文量	期刊排序	发文量
8	LIBR HI TECH	33	11	420	28	36	101	12
9	LIBR TRENDS	29	5	675	6	101	132	9
10	INFORM TECHNOL LIBR	28	14	385	62	13	145	9
平均值			18.5	443.3	27.1	63	100	43.9

3.4.3 潜在主题识别结果

本书运用 LDA 主题模型从整合后的四个学科文献题录数据中发现潜在主题。具体而言,采用 JGibbLDA 开源软件包[1]经过 LDA 主题模型训练,得到四个学科中所有文献的主题分布,即每个文献所关联的主题及其概率,同时得到每个主题的词项概率分布。在训练 LDA 主题模型时,对部分参数设置默认值,包括文档主题分布 θ 的超参数 $\alpha = 50/K$、主题词项概率分布 ϕ 的超参数 $\beta = 0.01$,Gibbs 抽样过程迭代次数设置为 1000,其中 K 是潜在主题数量。经过 Porter 词干抽取和去除停用词之后,该数据集共包括 30977 个唯一词项,根据词项的文档频率(document frequency;DF)进行选择,去掉小于 2 的词项,同时去掉数字型词项,最终保留 13974 个词项作为最终词典中的词项。

为得到合理的潜在主题数量 K 值,在固定其他参数的情况下,分别设置 $K = \{5, 10, 15, \cdots, 300\}$,观察在不同 K 值情况下主题平均距离 avg_dis[2] 的变化情况。图 3 – 2 列出了主题平均距离随主题数量 K 变化曲线。从该图可以看出,随着主题数量 K 值的增加,主题之间的平均距离逐渐变小。主题平均距离越小,衡量出主题之间的相似性越小,表明主题结构越稳定。当 K 值较小时,主题平均距离降低幅度较大;当 K 值较大时,主题平均距离降低幅度变小,逐渐趋于稳定。基于以上分析,通过数值观察发现,当 K 值大于 220 以后,主题平均距离值变化不大,时而变大,时而变小,表现出相对稳定的状态。鉴于此,本书最终将 K 值设置为 220。本书对研究主题数量设置较大,与以往研究结果[3][4][5]

---

①JGibbsLDA[EB/OL]. http://jgibblda. sourceforge. net/. 2015/10/23.

②Cao J, Xia T, Li J, et al. A density – based method for adaptive LDA model selection[J]. Neurocomputing, 2009, 72(7):1775 – 1781.

③De Battisti F, Ferrara A, Salini S. A decade of research in statistics:a topic model approach[J]. Scientometrics, 2015, 103(2):413 – 433.

④Blei D M. Probabilistic topic models[J]. Communications of the ACM, 2012, 55(4):77 – 84.

⑤Hall D, Jurafsky D, Manning C D. Studying the history of ideas using topic models[C]//Proceedings of the conference on empirical methods in natural language processing. Association for Computational Linguistics, 2008:363 – 371.

相似。

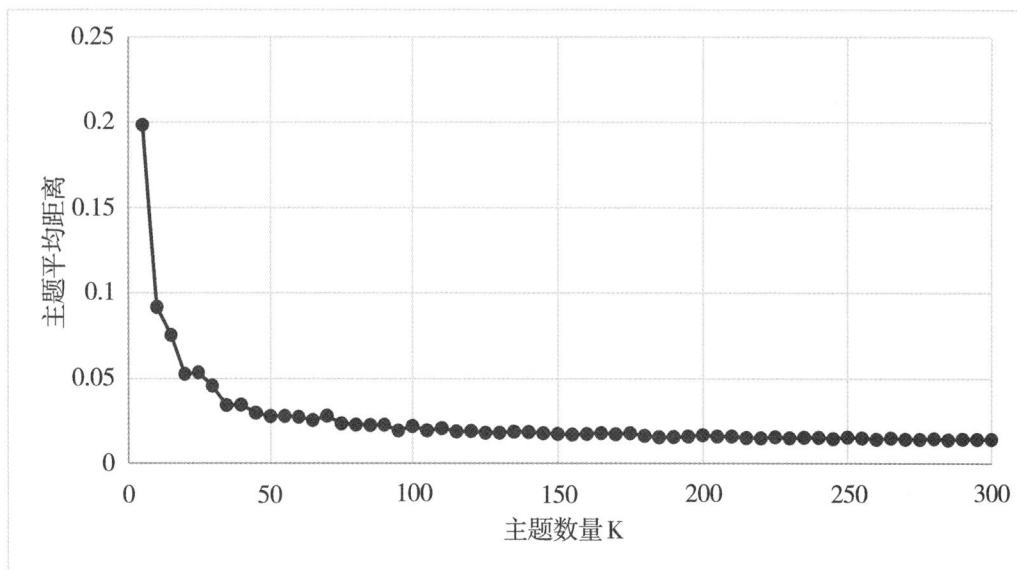

图 3-2　主题平均距离随主题数量 K 变化情况

　　从主题数量和数据集规模来看,对于交叉数据集 25 376 篇文献而言,220 个潜在主题相对较大。由此说明,本书设置的主题粒度相对较小,每个潜在主题相关的文档数量较少。一些研究采用较小的主题数量来表示一个研究领域。例如,Yan 等①从 2001—2007年的信息检索相关文献中识别出 10 个潜在主题。当设置整个领域的主题数量较小时,所得到的主题粒度较大,事实上会增加对主题的解释难度。因为,一般的研究领域中均存在着多种多样的研究主题。从人的认知角度来看,设置较小的主题粒度,更宜于人类对主题的理解,也便于对主题进行解释。因此,本书认为将主题数量设置为220,较为合适。

　　进一步,分别对这 220 个主题进行编号和人工赋予主题标签。表 3-5 展示了数字图书馆集成数据集中的 3 个潜在主题示例,分别为主题 0"角色分析"、主题 1"技术环境"和主题 2"农业"。根据每个主题的词项概率分布来看,所得到的主题凝聚了语义相近的词项。例如,主题 0"角色分析"中包含词"role（角色）""need（需求）""part（部分）"等词,从语义上看是关于角色需求、定位等相关内容,这些词构成了一个较为凝聚的语义方面。通过对所得到的 220 个潜在主题进行定性分析发现,所得到的主题均具有较高的语义集合性,能够代表某种主题结构,故所识别出的主题具有合理意义。

①Yan E, Ding Y, MilojevićS, et al. Topics in dynamic research communities：An exploratory study for the field of information retrieval[J]. Journal of Informetrics, 2012, 6(1)：140-153.

表 3 – 5　数字图书馆潜在主题示例

主题序号	0		1		2	
主题标签	角色分析		技术环境		农业	
词项概率分布	role	0.2980	environ	0.2366	land	0.0489
	need	0.1386	inform	0.1611	agricultur	0.0341
	plai	0.0993	technolog	0.1236	model	0.0338
	import	0.0845	advanc	0.0626	water	0.0307
	meet	0.0790	demand	0.0318	soil	0.0272
	societi	0.0262	requir	0.0299	environment	0.0167
	part	0.0185	need	0.0223	flow	0.0162
	expand	0.0165	converg	0.0213	hydrolog	0.0153
	increasingli	0.0154	develop	0.0210	region	0.0141
	serv	0.0126	kei	0.0205	river	0.0136

　　四个学科集成数据集中的全部 220 个潜在主题参见表 3 – 6。通过仔细观察这些主题发现，一些主题具有明显的学科特征，一些主题则可能在多个学科中均存在。例如，主题 10"软件开发"、主题 12"分布式系统"较大可能属于信息系统学科的研究主题，主题 33"文献传递"和主题 112"图书馆困境"较大可能属于图书馆学科的研究范畴。相比而言，主题 57"健康领域"则可能是信息科学和信息系统等多个学科相关的研究主题，相似地，主题 188"图书馆服务"不仅是传统图书馆学研究的主题，也是数字图书馆研究的重要内容之一。不同潜在主题与各个学科之间的关系，可以采用定量分析的方法进行衡量，相关分析将在下节进行阐释。

　　通过对主题标签的内涵进行分析发现，很多主题标签具有较为明确的事物指向性，例如主题 2"农业"、主题"45"等。这一类主题属于较为具体的概念，其所指事物或者事情较为清晰，也容易理解。而诸如主题 61"研究方法"、主题 62"新旧对比"、主题 134"列表与排序"等，并不具确地指向研究领域中的某种事物，属于较为抽象的概念。本研究将在下一章中，将这些潜在主题进行类别划分，探讨其意义并挖掘其潜在应用。

表3-6 四个学科数据集中的220个潜在主题列表

主题ID	主题标签	主题ID	主题标签	主题ID	主题标签	主题ID	主题标签	主题ID	主题标签
0	角色分析	44	序列	88	机会与帮助	132	错误监测、隐私保护	176	电子出版物
1	技术环境	45	用户	89	病历	133	主体	177	关键性与潜力分析
2	农业	46	医学信息	90	系统实时性	134	列表与排序	178	科学家与科技信息
3	业务流程	47	开放获取	91	作者（论文发表）	135	准确性评估与分析	179	图书馆门户
4	数量与序列	48	研究、探索	92	自动化技术	136	观点视角	180	专业性与能力
5	政府机构	49	理论（认知和实践等）	93	连接与馆藏	137	聚类种类	181	控制系统
6	方法结果	50	题录	94	过程与机制	138	技术采纳	182	美国图书馆组织
7	互联网访问	51	定性与定量分析	95	美国	139	观察等方法	183	状态推理等
8	特征差异	52	知识库	96	知识产权	140	图书馆会议	184	教育与素养
9	功能	53	分类	97	谱分析	141	持续性研究	185	印度图书馆相关
10	软件开发	54	现状与趋势	98	计算能力、硬件等	142	信息查询	186	评估分析
11	查询对象	55	帮助作用	99	区域账户	143	不同洲的模式与会议	187	交互性分析
12	分布式系统	56	数量方法	100	现状结论	144	城乡交通	188	图书馆服务
13	因素及其关联	57	健康领域	101	实例观察	145	信息方面与信息协议	189	政策问题
14	案例分析	58	科学研究	102	数据仓库与数据挖掘	146	特征分析	190	高校图书馆
15	范围/互联网	59	服务器设施	103	模糊理论	147	上下文分析	191	开放图片与开源软件相关
16	学科文献与信息	60	中国（发展、建设相关）	104	图书馆培训	148	数值关系	192	网络相关
17	远程应用	61	研究方法	105	地理位置	149	统计应用	193	评估标准与方法
18	质量提升	62	新旧对比	106	动态与不确定性	150	标准	194	文化遗产

主题ID	主题标签	主题ID	主题标签	主题ID	主题标签	主题ID	主题标签	主题ID	主题标签
19	信息与维度	63	研究、考察	107	规划与策略	151	支持与需求	195	元数据
20	时序、趋势	64	策略	108	信息环境	152	讨论问题	196	模式分析
21	馆藏采购	65	效果（有用性）检验	109	大学课程	153	工作实践	197	国家图书馆
22	级别	66	数字馆藏	110	合作与分享	154	互联网工具、链接等	198	数据模型
23	信息流	67	专家验证与建议（专家系统）	111	属性与集合	155	领域分析	199	相关性分析
24	系统架构和整合	68	组织	112	图书馆困境	156	系统集成	200	h指数相关
25	空间	69	资源（可利用性）	113	转换	157	发展与开发	201	数据库相关
26	管理问题	70	相似信息	114	技术管理	158	群组相关	202	不同阶段的人
27	虚拟现实	71	问卷调查	115	感知与接受	159	图书馆中的身份问题	203	速率分析
28	信息系统的成败	72	馆藏获取（包括馆际）	116	历史性分析	160	语义网与本体	204	产业研究
29	方法与目标	73	机构活动	117	大规模	161	选择与推荐	205	算法研究
30	讨论（特殊性、因素）	74	问题解决	118	交流	162	期刊相关研究	206	普适性分析
31	社会信任、资本	75	结果呈现	119	结果启示	163	图书馆员	207	参考咨询
32	移动情景	76	产品	120	任务与工作流	164	文本检索	208	概念框架
33	文献传递	77	定义条款	121	馆藏保存	165	对比分析	209	档案相关
34	教育与培训	78	信息搜寻行为	122	文献引用	166	生物医学信息	210	研究模型
35	单个、原子	79	信息系统	123	评价评估	167	框架与应用等	211	领域和方法
36	电子书	80	用户描述	124	图书馆指导	168	公共图书馆（偏加拿大）	212	问答系统

主题ID	主题标签	主题ID	主题标签	主题ID	主题标签	主题ID	主题标签	主题ID	主题标签
37	集合研究	81	跨语言	125	面谈、访谈	169	网站内容与版权	213	学习与教育
38	系统安全性	82	多媒体馆藏	126	风格变化	170	多样性研究	214	英国相关
39	文件、网页	83	文献综述	127	结构、要素	171	源特征与对比分析	215	系统复杂性、仿真系统等
40	市场预测	84	图书馆读者	128	(开发辅助)工具	172	Elsevier 版权	216	决策支持系统
41	教员职员	85	案例分析	129	公共图书馆	173	机构相关	217	不同国家的图书馆发展状况
42	系统设计	86	重要性	130	学术机构	174	冲突与挑战分析	218	用户界面
43	员工/满意度	87	学术搜索引擎	131	代价与效果分析	175	项目相关	219	可视化图谱

3.4.4 潜在主题的文献数量分析

在识别出数据集的潜在主题之后,需要确定每篇文章的研究主题。这里,采用 TopN 阀值法这样一种文献主题划分方法,并将 N 设置为 4,调节阀值。当文献中所有主题的概率值均小于该阀值时,保留概率值最大的主题。表3-7中列出了不同阀值下,拥有不同主题数量的论文数分布。在该表中,阀值 δ 越小,论文中拥有的主题越多,δ 越大,论文中主题数量越少。在本书分析中,最终将阀值 δ 设置为 0.05,即保留概率值最大的4个主题,并去除概率值低于 0.05 的主题。在这一设置下,较多文献仅包含一个主题,这种分布模式较为合乎主题分布的客观情况。本书后续分析均在该设置下。

表3-7 不同阀值下主题数量分布情况

主题数 ＼ δ	0.01	0.02	0.03	0.04	0.05
1	27	234	5069	8094	12197
2	82	381	1952	3999	6623
3	357	621	2107	5410	4417
4	24910	24140	16248	7873	2139

　　本节首先分析整体数据集中各个潜在主题的文献数量情况,进一步分析数字图书馆这一交叉学科中各主题的文献数量。

3.4.4.1 整体数据集结果分析

　　整个数据集包含 4 个学科的研究文献,所得到的也是 4 个学科的研究主题。图 3 – 3 列出了整个数据集中四个学科相关的主题文献数量分布情况。从该图中可以看出,不同研究主题所包含的文献数量也不同,且数量差别较大,表明各个主题的研究文献分布并不均匀。部分研究主题拥有较多的文献,可以认为是整个数据集中的热门主题。这些主题包括主题 124"图书馆指导"(686 篇文献)、主题 140"图书馆会议"(643 篇文献)、主题 29"方法与目标"(566 篇文献)、主题 50"题录"(559 篇文献)、主题 66"数字馆藏"(529 篇文献)、主题 105"地理位置"(523 篇文献)等,其中主题 124"图书馆指导"拥有最多的文献数量(686),表明该主题研究成果最多。

　　数据集中部分主题研究文献数量少于 100,与研究较多的主题所拥有的文献数量差距较大。主题文献数量最少的研究主题包括主题 172"Elsevier 版权"(54 篇文献)、主题 177"关键性与潜力分析"(54 篇文献)、主题 136"观点视角"(66 篇文献)、主题 85"案例分析"(67 篇文献)、主题 100"现状结论"(68 篇文献)等。由此看出,这些主题属于研究相对较少的研究方向。

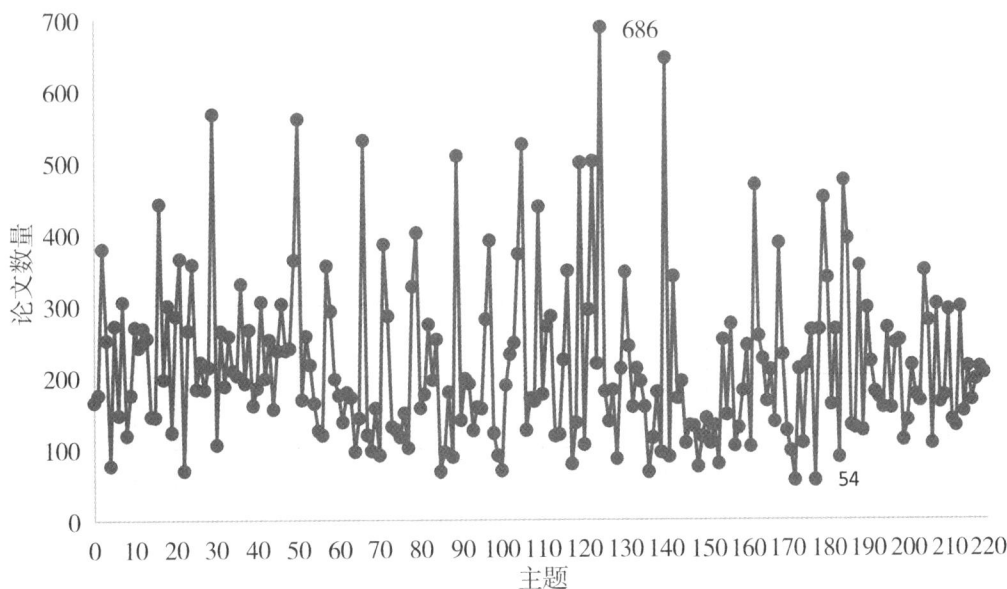

图 3 – 3　整个数据集中各个主题的文献数量

　　为考查各个主题是否均存在于这四个学科之中,图 3 – 4 列出了四个学科的主题数量情况。从该图中可知,除数字图书馆以外,其他 3 个学科均包含所有的 220 个主题,而数字图书馆中仅出现了 219 个主题。通过对比发现,主题 204"产业研究"并未出现在数字图书馆学科中。出现这一现象的原因可能是,数字图书馆本身属于图书馆学研究中的一种产业应用方向,因而对数字图书馆本身的研究并未有从产业角度进行研究的内容。从整体来看,四个学科几乎都分布了这 220 个研究主题,表明尽管各个学科的研究重点有所不同,四个学科均涉及到这些主题。从方法本身的角度也较易解释这一现象:LDA 主题模型是一种概率分布模型,各个文献事实上是主题的概率分布,汇总来看,学科也是主题的概率分布,这也导致 220 个研究主题均在学科中有所反映。表 3-8 列出了四个学科中文献数量发文排前 5 的主题及其文献数量。从该表中可以看出,不同学科的主要研究主题各不相同,体现出了学科之间的差异。

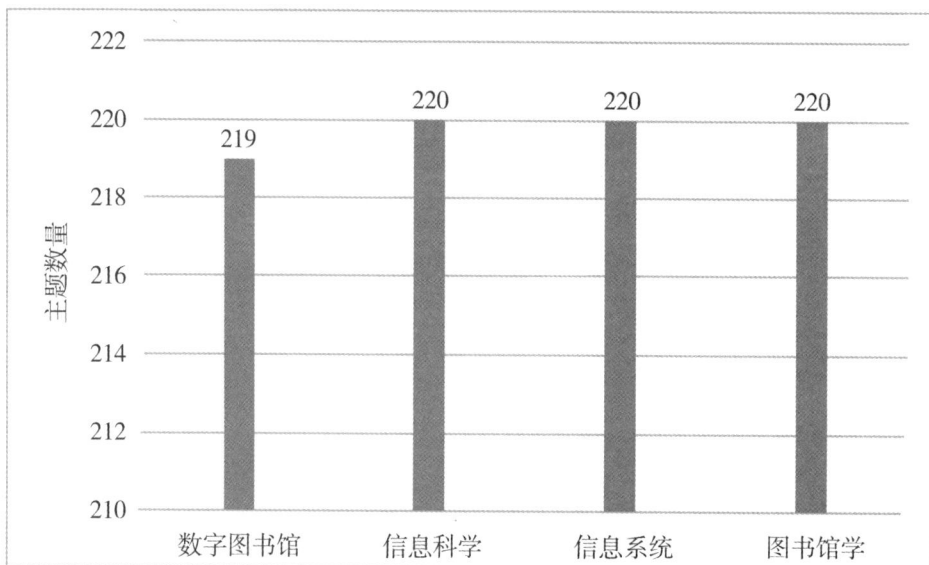

图 3-4　不同学科的主题数量

表 3-8　四个学科文献数量最多的前 5 个主题

数字图书馆			信息科学			信息系统			图书馆学		
主题 ID	主题标签	文献数量	主题 ID	主题标签	文献数量	主题 ID	主题标签	文献数量	主题 ID	主题标签	文献数量
66	数字馆藏	326	97	谱分析	360	89	病历	358	124	图书馆指导	659
195	元数据	112	16	学科文献与信息	344	79	信息系统	343	140	图书馆会议	549
191	开放图片与开源软件相关	61	122	文献引用	304	105	地理位置	326	50	题录	529
29	方法与目标	60	178	科学家与科技信息	221	204	产业研究	293	29	方法与目标	423
142	信息查询	60	49	理论(认知和实践等)	207	2	农业	277	179	图书馆门户	415

3.4.4.2 数字图书馆主题文献数量

本节主要对数字图书馆学科的主题文献进行分析,以了解数字图书馆学科的研究主题情况。图 3-5 中展示了数字图书馆学科中 219 个研究主题的文献数量。在该图中,纵轴经过了对数化处理。从该图中可以看出,数字图书馆学科中大多数研究主题的文献数量少于 10 篇(122 个主题),而文献数量大于 10 篇小于 100 篇的主题共有 95 个。文献数量大于 100 篇的仅有两个主题,他们分别是:主题 66"数字馆藏"(326 篇文献)和主题 196"元数据"(112 篇文献)。由此表明,这两个主题是数字图书馆研究的重要内容。根据笔者对于数字图书馆学科的理解,数字图书馆起源于传统图书馆学在信息技术时代,采用信息系统对图书馆各种数字资源进行数字化管理,而其中数字资源的著录标准是重要理论和技术研究内容。因此,在数字图书馆研究之中,"数字馆藏"和"元数据"是两个基础且重要的研究主题,也反映出 LDA 主题模型能够识别出数字图书馆领域的潜在主题,且能区分不同主题的热门程度。

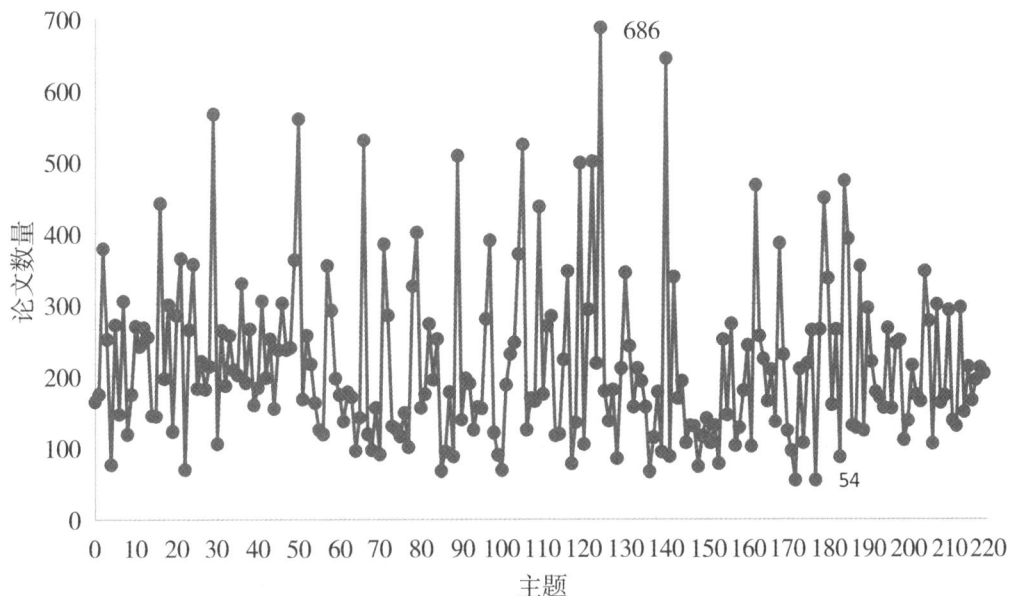

注:纵轴经过了对数化处理

图 3-5　数字图书馆 219 个主题的文献数量分布

根据各个主题中的文献数量来反映出主题的热门程度,进而可以识别出数字图书馆研究中的热门主题。图 3-6 列出了数字图书馆领域文献数量大于 30 的 20 个热门研究主题。从所列的热门研究主题来看,除了与传统图书馆学相关联的数字馆藏、元数据、图书馆中的身份问题等主题之外,开放获取与开源软件、信息查询、系统架构和整合、语义网与本体等主题均是信息技术发展后的重要研究主题,这些主题也迁移到数字图书馆领域,成为数字图书馆领域的热门研究主题。如何识别这些研究主题与基础学科之间的关系,将在本书后续章节进行研究。

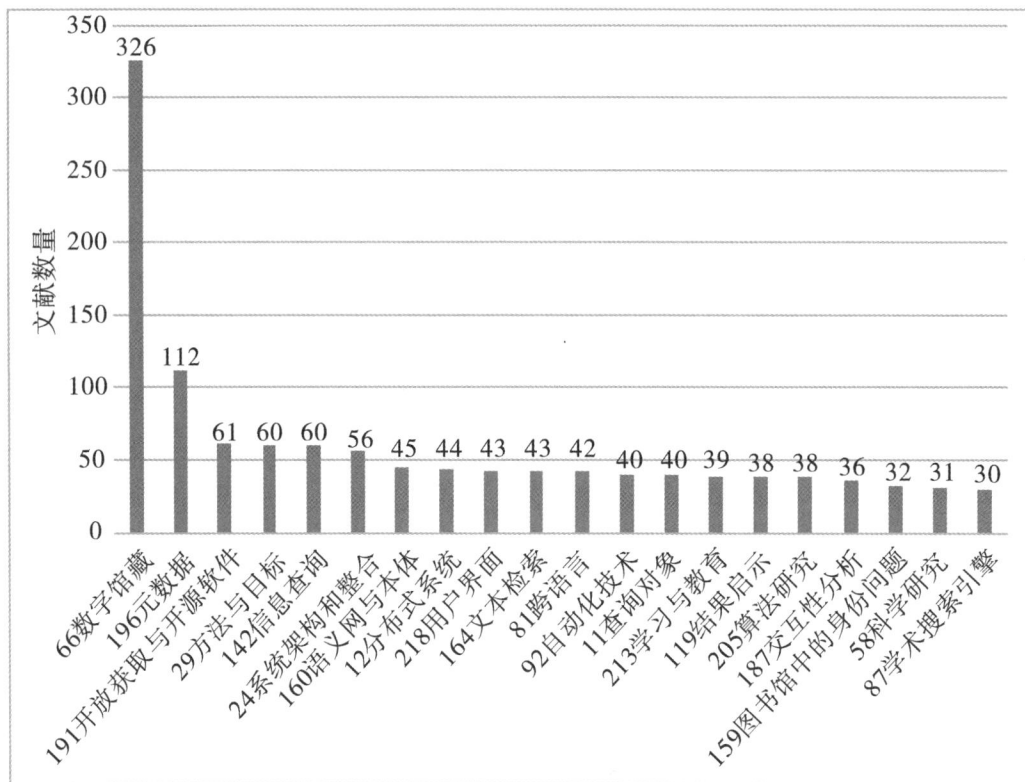

图 3 - 6 数字图书馆热门研究主题

3.5 本章小结

交叉学科中的主题能够通过交叉学科研究结果进行反映,是交叉学科研究文献中潜在形成的主题语义结构。本节根据交叉学科的特征,提出了一种基于潜在主题模型的交叉学科主题识别方法。该方法利用了交叉学科与相关基础学科之间的内在关联,认为通过整合交叉学科研究文献与相关基础学科研究文献构建集成数据集,从中能够更为精确地识别交叉学科的潜在主题。在识别交叉学科的相关基础学科时,采用了专家识别和文献计量方法相结合的方法进行识别。交叉学科潜在主题识别是本书研究的基础,为后续深入分析打好了基础。

本章以数字图书馆这一交叉学科为例,运用潜在主题识别方法,通过观察不同主题数量设置下主题之间的平均距离指标变化情况,将最终的主题数设置为 220,最终识别出 220 个潜在主题,并采用人工标注方法赋予了主题标签。通过内容分析,我们发现这些研究主题能够反映数字图书馆研究文献的真实内容。因此,这些识别出的潜在主题较为合理。同时,潜在主题模型还为每篇研究文献确定了所属研究主题。通过统计发现了数字图书馆学科中的主要潜在主题,其中主题 66"数字馆藏"和主题 196"元数据"是最为重要的两个研究主题。

第 4 章
基于主题共现的交叉学科知识组合结构研究

4.1 引言

在科学研究的成果文献中储存着大量的人类知识结晶。从表现形式来看,这些知识的存在形式复杂而又多样。从组成结构上来看,这些知识可以理解为由大量"知识元"进行组合而成①,其中的"知识元"是知识的基本组成单元。在科学文献中,这些知识单元包括研究对象、研究方法、领域知识概念、工具、作者、期刊等等,可以采用 Ding 等②提出的实体体系进行分类。科学文献中主要包含两类实体——评价实体和知识实体。评价实体的概念源于科学评价研究,主要是指科学评价中需要测量学术影响的评价对象,常包括论文、期刊、作者、研究机构以及国家等。而知识实体是在学术知识系统中用于反映学术成果的知识单元,这些知识单元一般在学术文献的文本内容中得以体现,例如论文关键词、数据集、方法、原理,还包含具体研究领域的各种知识概念(例如疾病名称、药物名、基因等)。这些知识元,通过文献的结构化以及语言的逻辑组织而整合在一起。事实上,科学研究文献中的知识元组合模式非常复杂,其中最为简化的一种组合结构是共现结构,即不同对象共同出现在特定的场景中。在这里,特定的场景一般理解为一篇文献,指在同一篇文献中不同知识元共同出现。这种共现关系体现出不同知识元之间的客观存在的关联性。

在大数据环境下,一种较为普遍接受的观点是大数据环境中越来越难探寻不同对象之间的因果关系,而识别和解释对象之间的关联性则成为主要的任务。造成这一趋势的原因较多,其中较为重要的原因是:一方面来自数据量的挑战,大规模数据需要的计算资源也越来越多,对于普通机构而言造成了较大压力;另一方面,人们逐渐认识到很多现象的发生并非由单一因素影响的,而是在多个因素的系统作用下引起的,这就对因果关系的解释带来挑战。基于此,在大数据环境中,对象之间的关联性越来越重要,分析对象间关联性也成为分析问题的一种简化手段,为解决问题提供了决策支持。

---

① 温有奎. 基于"知识元"的知识组织与检索[J]. 计算机工程与应用, 2005, 1: 55-57.

② Ding Y, Song M, Han J, et al. Entitymetrics: measuring the impact of entities[J]. PLoS One, 2013, 8(8): e71416.

与大数据环境类似,在学术环境中,不同知识单元在知识生产过程中的作用和机理也较为复杂,该方面的研究挑战较大。一种切实可行的研究方案是将问题简化处理:从各种知识元或者知识实体的共现关系出发,探寻和解释其中的规律,以理解科学知识系统的运行机制。在对科学知识系统进行分析时,可以从不同粒度来加以理解。宏观层次包括研究领域、学科、国家等评价实体;中观层次包括主题、机构等;微观层次包括论文、作者以及领域知识概念等。现有科学学、科学计量学、学术文献挖掘等多个研究领域,均出现了以共现为基础的较多研究。然而,这些研究大多数关注评价实体的共现关系,较少有关知识实体共现的研究。同时,当前已有的知识实体共现研究,也多集中在关键词等语义概念这种较为细粒度的微观层面上,而缺少对中观的主题共现相关的研究。

研究领域或者学科的主题共现是指其中的研究主题共同在文献中出现。这种简单的共现关系背后存在着较为深刻的原理,反映了科学系统中的知识生成模式。从知识组成结构角度来看,研究主题可以理解为领域\学科知识的构成单元,那么研究主题的共现关系揭示的是研究主题知识之间的组合关系。同一篇研究文献中出现的两个研究主题通过知识的组合产生了当前文献所蕴含的新知识。简言之,研究主题的共现关系体现了学科领域中知识创新过程中的知识组合关系。

交叉学科作为一种相对新兴的研究领域,其内发生着较多的跨学科知识创新。从理论上讲,交叉学科中的研究主题共现模式与传统学科的研究主题共现模式存在着一定的差异。因而,有必要首先对研究主题共现关系进行深入研究,以挖掘其中潜在的模式及规律。本书将在本章及下一章中依托于研究主题共现关系,从研究文献数据中揭示出学科层次上研究主题共现模式。本章将借助社会网络分析方法,首先对研究主题共现关系建立主题共现模型,从数理角度描绘交叉学科的主题共现现象;然后,将借助社会网络分析方法的点、线和派系分析等统计方法,对主题共现网络进行深入分析,以全面揭示交叉学科的主题共现结构,主要包括主题重要性、频繁共现主题、主题集群等方面。通过本章所提出的研究方法,可以揭示交叉学科领域中不同研究主题的知识组合关系。下一章将进一步考虑研究主题的类型及其学科属性,挖掘交叉学科主题共现模式。

4.2 科学知识组合

科学知识系统是一个复杂多变且不断进化着的系统。科学知识的产生又来源于科研人员在科学知识系统中引入科研人员的智力劳动,通过科研活动创造新的科学知识。在科学体系中,一门学科得以形成,往往拥有自身较为明确的研究对象以及研究问题,同时还有一套相对成熟的研究方法和哲学理念。在现代社会,科学知识往往以科学文献为载体形式发行,这些科学文献形式可以是图书、期刊、会议论文集,以及相应的电子出版物等等。可以说,科学文献的语言记录是科学知识的符号化表示,其中承载了科学知识中的基本规律。在科学文献中,包含着多种反映科学系统的元素,主要包括标题、作者、机构、关键词、学科概念、词项、主题等多种信息。这些信息可以理解为科学知识中的实体,也可以理解为科学知识系统中的各种属性。这些信息的全部及相互关系,刻画了一个完整的科学知识系统。因此,理解科学知识系统中的要素,是剖析科学知识结构和挖掘科学知识系统运作规律的一个较为重要且比较基础的工作。知识的符号化,使得理解科学知识系统要素变得切实可行。通过对知识符号的分析,能够掌握和理解其中的运行过程。

为理解科学知识,Evans 和 Foster 等在 Science 上发文,提出了元知识[①]的概念,用以表示知识的知识。这些元知识承载在科学文献载体之中。在本体信息组织理论中,知识元也被认为采用本体的基本组织单元,通过知识元集合形成知识工程[②]。温有奎也提出使用知识元进行知识组织和解析知识系统[③]。因此,我们可以将科学知识表达为科学知识元的集合,从而将科学知识结构转化为知识元之间关系的集合。在知识的符号化系统中,可以将这种知识元之间的关系进行符号化表达,其中一种简单而意义丰富的表示方式即是符号化后的知识之间的组合。例如,若将一篇文献呈现为一种知识空间,文献之中的内容通过知识符号进行表示,每一种知识符号象征着某种知识空间,那么文献所承载的知识空间则是由这些知识符号所代表的知识元空间所组合而形成。因此,从这种抽象的意义来看,文献所代表的知识是由内部各种知识元知识所组合而成,类似地对于研究领域、学科以及整个科学系统中的知识亦是由各个层次的知识所组合而成。

4.3 交叉学科主题共现网络

交叉学科主题共现网络是通过交叉学科文献中主题之间的共现关系构建而成。需要注意的是本书潜在主题发现过程中所使用的是包括相关基础学科文献的集成数据集,而本章中交叉学科主题共现网络仅考虑交叉学科文献结果,不包括基础学科文献的结果。本节采用形式化方法对交叉学科主题共现网络建模。

4.3.1 共现理论

共现,即共同出现,是一种客观现象。在维基百科中,共现(Co-occurrence)被定义为语言学上同一语料库中高于随机情形而共同出现的两个词,常常具有一定的顺序性[④]。可以看出,该定义是为语言学角度出发的,较为局限。在 WordNet 知识资源中,将共现表达为同时或者按序发生的事件或情形[⑤]。由此,共现现象所指的对象不仅仅是出现于语料库之中的对象,也可以针对任何事件或情形。具有共现关系的事物或事件之间存在着某种相互关联。从本质上来看,共现情形发生的客观内在原因是事物之间的相互联系,

①Evans J A, Foster J G. Metaknowledge[J]. Science, 2011, 331(6018): 721-725.

②赵焕洲,唐爱民. 对两种知识组织系统:叙词表与 Ontology 的比较研究[J]. 情报理论与实践, 2005, 28(5): 469-471.

③温有奎. 基于"知识元"的知识组织与检索[J]. 计算机工程与应用, 2005, 1: 55-57.

④WikiPedia Co-occurrence[EB/OL]. https://en.wikipedia.org/wiki/Co-occurrence. 2017/1/17.

⑤WordReference[EB/OL]. http://www.wordreference.com/definition/cooccurrence. 2017/1/17.

而共现现象仅仅是事物之间相互联系的外在表现形式而已①。反之,对共现现象的揭示,则是对事物相互关联进行揭示。共现理论和方法的基础假设是:通过观察共现的强弱和分类,反映事物相互关联的联系强弱和关联类型。

共现应用在文本的不同层次,可以进行不同粒度的文本挖掘任务。对词项共现进行分析是最小粒度的分析。在文本中,共同出现的两个词项如果其出现频率高于与其他词项的共同出现频率,那么这两个词项之间存在的关联性更强。在实际的算法中,一般设置一定的文本窗口来限定观察词项共现的文本长度,这种共现窗口可以是段落、句子或者固定的文本长度等。在这种共现关系中,词项之间不存在方向性,共现关系的两个对象顺序无关②。语言模型中 bigram 方法则考虑词项的前后顺序,形成较为固定的搭配关系。文本挖掘算法中的较多基础算法,也以词项共现作为算法基础,来衡量两个词项之间关系的大小,例如较为常用的互信息指标、皮尔森指标等③。在文本挖掘中,较多任务的解决方案中均含有共现理论的应用。比如,邱均平和楼雯所构建的语义信息检索流程的核心分析器模块即是建立在概念共现基础之上④。

在科学计量和信息科学领域中,通过共现关系揭示事物之间联系的思想也被广泛应用于分析文献中不同实体之间的关系。其中,较为常见的方法包括共词分析、共引分析以及共篇分析。共词分析法是以文献中的关键词、较为重要的篇名词⑤或其他名词短语为分析对象,这些词项体现了研究文献的主题,以文献为共现观察窗口,根据词项共现关系来发现研究领域的学科结构的一种定量分析方法⑥⑦。该方法以词项共现频次为基础计算关联强度,将具有较强关联的词项通过某种聚类算法(例如多维尺度分析 MDS)形成词簇,以不同词簇来反映研究领域的多个主题。从时间上来看,共引分析方法的提出时间更早于共词分析方法。共引分析方法的基础假设是两篇文献若同时被其他文献引用,那么两者之间则具有某种知识相似性,这种相似性通过引文关系被施引文献所表现⑧。相似地,共篇分析方法则认为若两篇文献均含有某个关键词,那么两篇文献存在着某种知识关联,这种关联被理解为科研文献中的关键词链⑨。这种方法与文本挖掘方法中计算文献间相似性时考虑文献中共同拥有的词项数量的原理较为类似。

在其他科学知识发现研究中,共现分析常用来揭示研究对象之间的相互关系。例

①宋爽. 共现分析在文本知识挖掘中的应用研究 [D].南京理工大学、2006.

②孙江浩.特定领域词聚类的研究及用 MDL 原理对词聚类的研究[D].北京邮电大学,2003.

③吴光远, 何丕廉, 曹桂宏, 等. 基于向量空间模型的词共现研究及其在文本分类中的应用[J]. 计算机应用, 2003 (z1) : 138 - 140.

④邱均平, 楼雯. 基于共现分析的语义信息检索研究[J]. 中国图书馆学报, 2012 (6): 89 - 99.

⑤杨祖国、李秋实. 中国情报学期刊论文篇名词统计与分析[J]. 情报科学, 2000, 18(9): 820 - 821.

⑥Callon M, Courtial J P, Laville F. Co - word analysis as a tool for describing the network of interactions between basic and technological research: The case of polymer chemsitry[J]. Scientometrics, 1991, 22(1): 155 - 205.

⑦冯璐, 冷伏海. 共词分析方法理论进展[J]. 中国图书馆学报, 2006, 32(2): 88 - 92.

⑧Small H G. A co - citation model of a scientific specialty: A longitudinal study of collagen research[J]. Social studies of science, 1977, 7(2): 139 - 166.

⑨罗式胜. 篇名关键词链特征的统计分析及应用[J]. 中国图书馆学报, 1995 (1): 27 - 29.

如,Gotelli 和 McCabe 认为物种之间的共现关系并不是随机出现的,他们通过对 96 个已发布的出现频次矩阵进行元分析,揭示了共现物种之间的交互模式,这种交互模式体现了在生态环境中物种之间的相互关联①。同样在生物学领域,King 等通过植物与土壤中细菌之间在高山中某种特殊地区中的共现关系,揭示了两者共现的模式,进一步对共现模式进行了生态学解读②。

综上所述,共现现象在自然界和人类社会系统中广泛存在,通过共现现象能够反映研究对象之间的某种联系。具体在特定的任务之中,不同学者对共现现象进行了深入的分析,其共同的研究思路是通过对共现现象进行量化统计分析,结合具体场景,讨论统计结果的现实意义,从而揭示共现现象的本质。在本书中,我们认为主题之间的共现关系,是主题所承载的知识之间的组合行为,如果两个主题共同出现在某篇文章中,那么该文章内容反映的是两个主题的知识组合。基于此,本书将深入讨论具体的知识组合模式以及其背后所反映的知识创新原理。

4.3.2 主题共现网络定义

本书首先对交叉学科主题共现关系建立数理模型,定义为主题共现网络。交叉学科主题共现网络是利用数学图论将主题之间的共现关系进行形式化定义。交叉学科主题共现网络思想借助了社会网络和复杂网络中关于网络的定义③。在此,本书分别采用图表示法和矩阵表示法定义主题共现网络。

在图表示法中,交叉学科主题共现网络是加权无向网络,其中 V 为网络中的节点集合,代表了交叉学科中的主题集合,每一项元素表示一个主题,而为网络中所有边的集合,代表了两个主题之间的共现关系,每一项元素是主题和主题两者形成的边,表示两个主题至少在同一篇文献中共同出现。每一条边具有相应的权重,代表两个主题共同出现的文献篇数。

图 4-1 展示了一个简单的由 4 个主题组成的主题共现网络示例,是主题共现网络的可视化展现。在该主题共现网络中,共存在 4 条边,分别连接主题 1 和主题 2,主题 1 和主题 3,主题 2 和主题 3,以及主题 2 和主题 4。4 条边的权重依次为 2、1、1 和 4,分别表示主题 1 和主题 2 在 2 篇文献中共现,主题 1 和主题 3 在 1 篇文献中共同出现,主题 2 和主题 3 在 1 篇文献中共同出现,而主题 2 和主题 4 在 3 篇文献中共同出现。从该图可视化效果来看,图表示方法能使人较为直观地从整体网络和微观结构两种层次来观察主题之间的共现关系结构。

①Gotelli N J, McCabe D J. Species co - occurrence:A meta - analysis of jm diamond's assembly rules model[J]. Ecology, 2002, 83(8):2091-2096.

②King A J, Farrer E C, Suding K N, et al. Co - occurrence patterns of plants and soil bacteria in the high - alpine subnival zone track environmental harshness[J]. 2012,3(11):1-14.

③林聚任. 社会网络分析:理论、方法与应用[M].北京:北京师范大学, 2009.

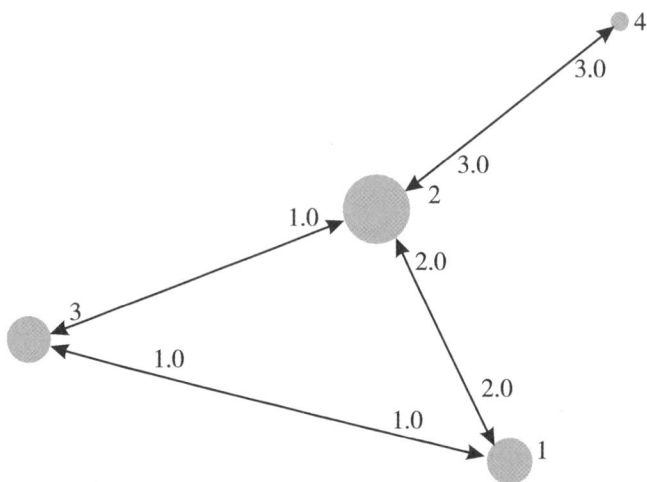

图 4-1   主题共现网络的图表示方法

在矩阵表示方法中,交叉学科主题共现网络是一个邻接矩阵 $A = \{a_{ij}\}$,其中元素 a_{ij} 表示主题 i 和主题 j 共现的频次,即两个主题共同出现的文献篇数。邻接矩阵 A 是一个密矩阵,其中每两个主题之间均包含相互关系。相对于图表示方法而言,矩阵表示方法较适合于数学中的矩阵计算。不足之处在于,在存储时存在不必要的存储,例如无关系的两个主题其共现频次为 0,但仍然需要占用存储,因此矩阵表示方法不适用于存储大规模网络。另一方面,矩阵表示方法没有图表示方法直观,呈现形式也较为单一。

图 4-2 所示矩阵对应于图 4-1 中的主题共现网络,两者是对相同主题共现关系的不同呈现方式。在该矩阵中,行和列分别对应 4 个主题,矩阵中元素表示了相应主题之间的共现文献数量。例如,第 2 行第 3 列元素值为 1,表示主题 2 和主题 3 在 1 篇文章中共同出现。在该矩阵中,对角线上元素为空,表示不考虑主题自身的共现关系。

$$\begin{bmatrix} - & 2 & 1 & 0 \\ 2 & - & 1 & 3 \\ 1 & 1 & - & 0 \\ 0 & 3 & 0 & - \end{bmatrix}$$

图 4-2   主题共现网络的矩阵表示方法

4.3.3 主题共现网络构建方法

交叉学科主题共现网络是建立在交叉学科主题识别结果基础上。在第三章中,利用潜在主题模型识别交叉学科潜在主题时,交叉学科中每篇文献的潜在主题也相应识别得到。从数量分布来看,每篇文献中至少识别出 1 个主题。当主题数量超过 1 个时,该文献中的主题则发生共现现象。基于此,针对整个交叉学科文献数据集,汇集所有文献中主题的共现关系则得到整个交叉学科的主题共现网络。

下面以图表示方法为例,描述具体构建过程:

初始化交叉学科主题共现网络 G = {V,E},V 和 E 均为空。

按时间先后顺序,针对交叉学科中每一篇文献 P_i,文献主题集合 T_i,执行如下操作:

1)若 T_i 中主题数量为 1,不执行任何操作,转向下一篇文献。

2)若 T_i 中主题数量大于 1,考虑任意两个主题,形成主题对,在主题共现网络中边集合 E 中查询是否存在包括该主题对的边。若存在,则将该边的权重加;若不存在,分别查询两个主题是否在节点集合中,不存在则加入到节点集合,并新建一条以这两个主题对为节点的边,将其权重设置为 1。

重复执行以上步骤,直至操作完所有文献。

在具体实现时,本书借助于数据库的聚合查询操作,统计得到两两主题之间的共现文献篇数。在此基础上,构建交叉学科的主题共现网络。

4.4 交叉学科主题共现网络分析

交叉学科主题共现网络从微观主题之间的共现关系,汇集在一起,形成大规模的网络结构,从而反映出宏观的交叉学科主题结构。交叉学科的主题共现关系是交叉学科知识创新过程中知识组合的体现,反映了交叉学科知识创新的运行机制。基于这一思路,本书认为通过对交叉学科主题共现网络进行挖掘和分析,通过主题共现网络结构特征,能够揭示交叉学科的知识组合规律。

在本章中,本书借鉴社会网络分析方法(Social Network Analysis)对交叉学科主题共现网络进行分析,揭示交叉学科知识组合的静态结构。在主题共现网络结构挖掘过程中,依次开展点、边、局部等三个层次分析[1]。具体而言,分别是:①运用节点层次的多种中心性指标,对不同研究主题的重要性进行量化排序,并通过不同中心性指标的内涵,阐释各个主题在整个交叉学科中的所承担的不同角色。②运用边层次核心边分析挖掘频繁共现主题,理解交叉学科主题组合关系。③借助局部网络结构分析中的社群发现方法识别主题群落,提示交叉学科中的主题集群结构,分析交叉学科中的知识簇现象。

4.4.1 主题重要性及角色分析

本书借鉴社会网络分析和复杂网络算法中关于节点的中心性指标,用于衡量交叉学科中主题在不同维度中的重要性,并分析各个主题所承担的不同角色。本书所采用的中心性指标包括点度中心性、中介中心性、接近中心性、特征向量中心性和 PageRank 中心性分析等五种分析方法。

---

①易明,毛进,曹高辉,等. 互联网知识传播网络结构计量研究[J]. 情报学报,2013,32(1):44-57.

4.4.1.1 点度中心性分析

点度中心性(Degree Centrality)[1]是社会网络分析中节点中心性分析最常用的一种指标。在图论中,度中心度是指该节点的度数,表示与该节点直接相连的连边数,也指与该节点相连节点的个数。在主题共现网络中,节点 v_i 的点度中心性 C_d 计算公式为:

$$C_d(v_i) = k(v_i)$$

其中, $k(v_i)$ 表示节点 v_i 的度数,即连接边的条数。

在社会网络中,点度中心性考察节点的直接影响力,衡量受该节点直接影响的社会关系。社会网络分析方法认为,点度中心性高的节点,是社会网络中的"明星"节点,他们通过与其他节点直接相连,而具有较高的直接影响力。例如,在朋友关系网络中,点度中心性较高的节点拥有较多的朋友,因此在整个社会网络中,这类节点掌握较多的资源,拥有较多的社会资本。

在交叉学科主题共现网络中,点度中心性较高的主题(节点)同时与较多其他主题相同出现在交叉学科文献中。这一现象表明这类主题与更多的其他主题进行知识组合,在交叉学科知识组合中被较多其他知识所需要,表示这类主题具有较强的知识聚合能力,承担着知识组合的核心知识角色。通过分析交叉学科主题网络中节点的点度中心性,可以揭示出各种承担核心知识角色的主题。

交叉学科主题共现网络是一种无向网络,不需要区分网络节点的入度与出度,不将点度中心性分为入度中心性和出度中心性。但是,由于该网络是一种加权网络,在考虑边的数量的同时,可以进一步考虑边的权重。不同权重的边代表主题之间的共现频次不同,共现频次越多,表示主题之间的共现关系越强,两者知识组合越紧密。基于此,本书同时计算加权点度中心性 C_{wd}:

$$C_{wd}(i) = \sum_{v_j \in \Gamma_i} w_{ij}$$

其中, Γ_i 表示节点 v_i 的邻近节点集合, w_{ij} 是节点 v_i 与邻近节点 v_j 之间边 e_{ij} 的权重。

4.4.1.2 中介中心性

中介中心性(Betweenness Centrality)[1]衡量的是该节点所起到的连接其他节点的作用。在图论中,中介中心性定义在两个节点的最短路径之上,一个节点相对于另外两个节点的中介中心度是指该节点处于最短路径之上的能力,衡量经过该点并且连接这两点的最短路径占这两个之间所有最短路径总数的比例。简单来理解,中介中心性通过计算节点位于多少条最短路径之上来衡量节点的重要性。节点 v_i 的中介中心性定义如下:

---

[1]Freeman L C, Roeder D, Mulholland R R. Centrality in social networks: II. Experimental results[J]. Social networks, 1979, 2(2): 119-141.

$$C_b(v_i) = \frac{2\sum_{s<t} g_{st,i}/n_{st}}{n(n-1)}$$

其中,$g_{st,i}$ 代表通过节点 v_i 的节点 v_s 和 v_t 之间最短路径的条数,而 n_{st} 表示节点 v_s 和 V_t 之间最短路径的总条数,n 表示网络中节点总数。该指标是一种相对系数指标,衡量的是占比情况。

从中介中心性的定义来看,该指标主要用于分析该节点在整个网络的信息流动中的影响。在社会网络之中,中介中心性考察节点所代表的人的社交能力,或者在社会网络中信息流动的影响力。如果节点的中介中心性高,经过该节点的最短路径越多,表示在网络中节点之间的信息流动经过该节点的可能性越高,该节点对整个网络中的信息流动的控制力越强。

在交叉学科主题共现网络中,中介中心性越高的主题,所起到的连接其他主题的知识桥梁作用越大。若将不同主题理解为不同类型的知识,那么中介中心性越高的主题组合不同类型知识的能力越强。因此,交叉学科主题共现网络中介中心性指标,可以衡量主题组合异质知识的中介能力。

4.4.1.3 接近中心性

在图论中,节点的接近中心性(Closeness Centrality)[1]是指该节点与整个图中所有其他节点的最短路径长度之和。从数学上,节点 v_i 的接近中心性定义为:

$$C_c(v_i) = 1/\sum_s d_{si}$$

其中 d_{st} 表示节点 v_i 到节点 v_s 的最短路径长度,节点 v_s 为网络中任意其他节点。需要注意的是一个节点只能在可连通情况下计算最短路径长,若两个节点之间不连通,那么两者之间不构成最短路径,则不考虑两者的距离。节点到其他节点的最短路径总长度越小,表明节点与其他节点的接近中心性越大。

在社会网络分析中,节点的接近中心性考察的是该节点对其他节点的间接影响力,从间接社会关系角度反映该节点对其他节点的影响。节点的接近中心性越大,节点与其他节点的距离越近,节点通过间接关系影响其他节点的影响力越大。

在交叉学科主题共现网络中,接近中心性越大,表明主题与其他主题之间的距离越接近,该主题通过间接关系影响其他主题的影响力越大。在知识组合关系中,这种距离也衡量了知识异质性,那么主题与其他主题的距离越接近,表明该主题与其他主题更相似。从知识组合需求来看,该主题与所有其他主题距离越近,说明知识组合的需求越强烈,更倾向于成为在未来被更多其他知识所整合。

4.4.1.4 特征向量中心性

在图论中,节点的特征向量中心性(Eigenvector centrality)是受到邻近节点中心性的

---

[1] Langholm S. On the concepts of center and periphery[J]. Journal of Peace Research, 1971, 8(3–4): 273–278.

影响。节点的特征向量中心性由邻近节点决定,是等于邻近节点的中心性的线性叠加。其定义如下:

$$C_e(v_i) = \lambda^{-1} \sum_{v_j \in \Gamma_i} a_{ij} C_e(v_j)$$

其中,$\alpha_{ij} = 1$,λ 为特征常量。

在社会网络分析中,节点的特征向量中心性分析的是该节点从中心性较高的其他相邻节点所获得的间接影响力。该指标的基础假设是,节点的影响力受到其周围节点影响,周围节点的影响力越大,该节点所获得的影响力也越高。同时,这种指标也受到节点度的影响。因此,特征向量中心性是一种综合考虑了节点的度及邻近节点权重的中心性指标。在社会网络中,特征向量中心性不仅能够反映节点是否处于网络中心位置,同时还能反映节点长时效影响力[1]。

类似地,在交叉学科主题共现网络中,主题的特征向量中心性也衡量了主题在整个网络中的重要性程度和长时间影响力。主题的特征向量中心性与点度中心性类似,其首要作用是衡量主题对周围主题的直接影响力。由于特征向量中心性考虑了周围主题的影响力,因此特征向量中心性还具有一定的预测能力,反映该主题在未来的影响力大小。

4.4.1.5 PageRank 中心性

PageRank[2] 最早是由 Google 创始人 Page 和 Brin 等在斯坦福大学校园中提出来的,用于测量互联网中网页的权重大小,并在搜索引擎的检索结果中用于对检索结果进行排序。PageRank 算法是网络结构中的一种随机游走算法,其基础假设与特征向量中心性类似,可以理解为特征向量中心性的一种扩展指标。PageRank 亦认为节点的权重受到网络中相邻节点权重的影响。与特征向量中心性计算方法不同之处在于:①PageRank 权重计算是需要针对网络进行多次迭代以得到节点的真实权重,而不仅仅是根据节点在矩阵中的特征值进行计算,这种迭代过程使得 PageRank 指标在大规模网络中也能计算得到。②PageRank 权重计算时,引入了非邻近节点因素,即权重并非完全来自于邻近结点。

节点 v_i 的 PageRank 指标计算公式如下:

$$PR(v_i) = \frac{1-d}{N} + d \sum_{v_j \in \Gamma_i} \frac{PR(v_j)}{k(v_j)}$$

其中,N 是网络中节点数量,$k(v_j)$ 是节点的出度数,d 是随机因子,用于调节权重来自于非邻近节点的比例。在迭代计算过程中,第 t 次迭代时,节点 v_i 的权重是基于第 $t-1$ 次迭代结束时其所有邻近节点的权重进行计算的。同时,需要注意该公式中衡量的是有向网络中的 PageRank 指标,而无向网络可以被视为一种双向有向网络,即节点之间互为

---

①易明,毛进,曹高辉,等. 互联网知识传播网络结构计量研究[J]. 情报学报,2013,32(1):44-57.

②Page L, Brin S, Motwani R, et al. The PageRank citation ranking: Bringing order to the web[R]. Stanford Info-Lab, 1999.

出入节点,同一条边同时代表出度和入度边。

在社会网络中,PageRank 通过考察整个网络结构来衡量节点的社会影响力,衡量节点的全局长效影响力。该指标近年来广泛应用在各种学术网络中测度节点的重要性。Yan 和 Ding [1] 将一种加权 PageRank 指标用于作者合作网络中对作者进行影响力测度,通过将该指标与 h 指数、被引次数、国际科学计量和信息计量协会(ISSI)的委员会成员等指标进行对比发现,该指标是一种值得信赖的指标,能够用于评价作者影响力。该方法也被其他学者用在作者合作网络中分析作者的影响力 [2][3]。一些学者 [4][5] 也将 PageRank 指标用于引文网络分析中用于评价论文的影响力,通过与被引量等进行对比分析,发现了 PageRank 指标的优势。

相似地,在交叉学科主题共现网络中,PageRank 指标可以用来衡量考虑整体网络结构情况下主题的影响力。交叉学科主题共现网络是一种无向网络,可以视为双向有向网络来计算主题的 PageRank 指标值。PageRank 指标一般可以对全局网络节点给出不同的权重值,因此可以在整个交叉学科主题共现网络中,对不同的主题进行影响力权重排序。

4.4.2 频繁共现主题挖掘

在数据挖掘领域,关联规则算法是一种在大型数据库中庞杂的数据中发现强规则的一种方法 [6]。该算法的一个典型应用是从超市大规模购物信息中提取出同时被购买的物品 [7],例如经典的"啤酒与尿布"的案例。发现消费者的购物习惯后,可以将经常被购买的商品放在邻近的区域销售。这种强关联规则,事实上是一种频繁共现模式。在超市关联规则案例中,强关联的商品之间事实上共同存在于消费者的购物清单中,可以理解为强关联商品在消费者购物清单上"共现"。因此,关联规则算法的实现是挖掘频繁共现关系。现今大数据环境下,关联规则的理念同样适用,只不过面临着诸多挑战,例如大规模数据量为算法运行带来挑战、数据稀疏性增加了发现数据关联的难度等等。针对关联规则所发现的强规则,需要结合具体的场景进行解释和应用。例如,购物单中的强规则表

①Yan E, Ding Y. Discovering author impact: A PageRank perspective[J]. Information processing & management, 2011, 47(1): 125 – 134.

②Radev D R, Muthukrishnan P, Qazvinian V. The ACL anthology network corpus[C]//Proceedings of the 2009 Workshop on Text and Citation Analysis for Scholarly Digital Libraries. Association for Computational Linguistics, 2009: 54 – 61.

③Liu X, Bollen J, Nelson M L, et al. Co – authorship networks in the digital library research community[J]. Information processing & management, 2005, 41(6): 1462 – 1480.

④Chen P, Xie H, Maslov S, et al. Finding scientific gems with Google's PageRank algorithm[J]. Journal of Informetrics, 2007, 1(1): 8 – 15.

⑤Ma N, Guan J, Zhao Y. Bringing PageRank to the citation analysis[J]. Information Processing & Management, 2008, 44(2): 800 – 810.

⑥Piatetsky – Shapiro G. Discovery, analysis, and presentation of strong rules[J]. Knowledge discovery in databases, 1991: 229 – 238.

⑦Agrawal R, Imieliński T, Swami A. Mining association rules between sets of items in large databases[C]//Acm sigmod record. ACM, 1993, 22(2): 207 – 216.

明消费者对相关物品具有较强的共同使用场景。同样,在互联网浏览行为中,强规则内的被浏览网页在共同满足用户使用需求方面具有某种内在联系,这种联系视具体的信息需求和信息搜集任务而定。

借鉴关联规则算法中挖掘频繁共现规则这一原理,本书尝试从交叉学科文献内容中挖掘出交叉学科的频繁共现主题。从知识结构的角度来看,交叉学科是由各种知识及知识间相互关系构成的,知识内部之间也存在着层级性。若从同一粒度来观察知识结构,可以将交叉学科的知识结构进行抽象化和简单化——交叉学科由同一粒度的知识单元和知识单元之间的相互关系构成。在交叉学科这种复杂系统中,知识单元之间的相互关系也是相当复杂而多面的,对知识单元关系的剖析方法也有很多种。本书主要从共现现象入手,以知识单元之间的共现关系来理解知识结构,从而将问题进一步简单化,但从抽象的结构转化为可观察的具体的共现结构。本书的观察粒度是主题。交叉学科中频繁共现的主题,是交叉学科中知识结构中具有强关联的知识单元的共现。从知识创新的角度来理解,主题共现体现的是在交叉学科知识创新过程中面向具体科研任务的知识之间的相互结合和互相需求。因此,交叉学科的频繁共现主题事实上是交叉学科知识创新过程中相互之间高度依赖的主题,体现的是主题之间的强关联性。结合具体交叉学科,可以进一步解释所识别出的频繁共现主题的具体意义。

在交叉学科主题共现网络中,主题共现关系反映为两个主题构成的边,频繁共现主题是指两者共同在多篇文献中出现,因而两个主题构成的边权重较大。基于此,本书将频繁共现主题定义为交叉学科主题共现网络中具有较强边权重的两个相连主题。由此,通过主题共现网络来发现交叉学科中的频繁共现主题就较为简单。本书基于排序的思路,使用加权网络中边权重指标来衡量频繁共现主题在交叉学科中的影响。具体的指标为:

$$f_{ij} = \frac{w_{ij}}{W}$$

其中,w_{ij}为主题i和主题j所形成的边的权重,W为整个网络中所有边的权重之和。

通过网络中边权重的方法来发现关联规则与传统数据挖掘方法中的关联规则算法存在一些异同。两者的相同之处在于,两者都是对共现进行统计分析。不同之处在于:关联规则算法可以识别多对象间关联,而边权重只发现两两之间关联,对于多对象间关联需要采用更复杂的网络挖掘方法,同时关联规则算法具有更为复杂的后处理机制。具体而言,关联规则算法引入了支持度和置信度指标。支持度是指共现频次在总数据中的比率,类似于边权重。置信度是指在出现 X 事件情况下出现 Y 事件的比率,是一种条件频次比率。置信度类似于边权重占整个节点加权度数的比例。本书暂未考虑置信度因素,而仅采用边权重指标测度。

4.4.3 主题模块识别

在社会环境和自然环境中,个体的聚集是一种较为普遍的现象。例如,在蚂蚁的生存环境中,蚂蚁多以群集聚集,并表现出了较为有组织的类人类社会现象。这种个体聚集现象反映出现象背后的运行规律,社会网络分析方法亦能对这种聚集现象进行揭示。在社会网络分析中,个体之间的联系以网络连边的形式反映出来。个体的聚集现象也体现为网络中节点的集聚,通过网络中局部节点之间互相连接而体现出来,形成局部集结效应。在社会网络分析理论中,将网络中关系特别紧密的行动者,结合为一种次级团体,将这些团体理解为凝聚子群,进而展开分析。凝聚子群分析方法主要包括派系(Cliques)分析、n-派系(n-Cliques)分析、n-宗派(n-Clan)分析、k-丛(k-Plex)分析以及凝聚子群的密度分析等方法①。这些凝聚子群分析方法主要用于分析,整个网络中的子团体结构,揭示其意义。例如,在社会财富网络中,通过派系分析方法可以发现富人之间形成的一个个相对联系密集的"富人团体"。在企业管理中,若大团体散漫而小团体却高度内聚,则不利于企业发挥整个集聚能力,突显企业核心竞争力。因此,在企业内容网络中,可以利用凝聚子群的密度分析评估企业中小团体程度,制定相应的策略对企业组织进行管理。

在学科知识结构中,知识之间的聚集现象也存在,例如宏观层面的学科、学科内部的研究方向等都是知识聚集的体现。从主题粒度上观察,学科知识结构中也存在着主题集聚现象。本书将交叉学科中主题的集聚称为"主题簇",表示存在着较强知识关联的主题群体。从知识创新的需求来看,交叉学科知识创新过程是由跨学科知识之间知识整合的微创新所积累而成,每一次微创新可以表现为交叉学科研究成果的发表。在整个学科或者学科方向来看,知识微创新过程中所需要的知识之间存在相互衔接、相互补充的关系,通过微创新的积累而汇集形成学科方向较为完整的创新结果。从主题粒度上看,这一过程可以理解为以主题为知识粒度的相互衔接、补充和整合,是创新过程中知识需求的结果反映,所表现出的多主题聚集的主题簇现象,也反映着学科方向发展的成果。综上所述,交叉学科中的主题簇是交叉学科某种学科方向的体现,对交叉学科主题簇进行揭示有利于剖析和理解交叉学科知识结构。

本书针对大规模网络挖掘算法中基于模块度(Modularity)的社群识别算法来发现交叉学科主题共现网络中的主题模块,将这些主题模块视为主题簇。在图4-3中,该交叉学科主题共现网络中共包含3个由多个网络节点组成的网络子图,它们

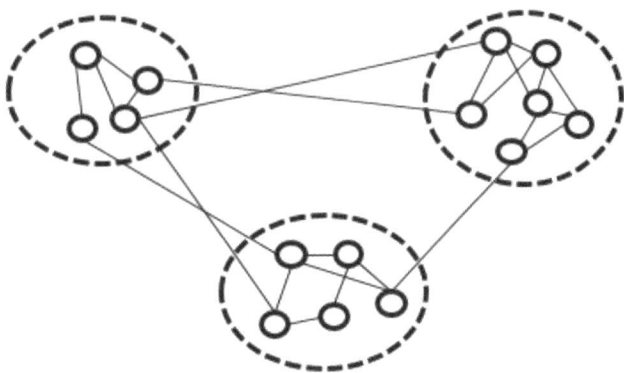

图4-3　交叉学科主题共现网络中主题模块示例

---

① 斯坦利,沃瑟曼,凯瑟琳,等. 社会网络分析:方法与应用[M].北京:中国人民大学出版社,2012.

是交叉学科主题共现网络中的社群。类似地,在网络科学中,网络中的社群定义为:网络中的子网,其内部链接数量多于与外部链接的数量①。在图4-3中,每一个虚线圆圈内的节点组成的子网中内部的链接数均多于与外部的链接数,由此根据这一定义,它们都是该网络中的社群。

与早期社会网络分析方法中的派系、丛等概念类似,网络社群也是一种网络中的局部结构。与这些社会网络中的局部结构不同的是从结构上来看,社群的定义并不那么严格。例如,在派系的定义中,一个派系内部的节点之间必须彼此连接,形成一个完全连接的子图,而社群的定义则相对没有那么严格。目前,在复杂网络中,采用一种模块度(Modularity)②的指标来衡量网络中社群划分的效果。模块度衡量的是落入社群内部的边的比例,具体计算方式是社群内部边的比例减于随机分布的边的比例。模块度(Q)的数学计算公式③如下:

$$Q = \frac{1}{2m} \sum_{vw} \left[A_{vw} - \frac{k_v k_w}{2m} \right] \frac{s_v s_w + 1}{2}$$

其中,m 表示网络中边的数量;v 和 w 代表网络中任意两个节点,A_{vw} 表示两点之间的边,该值为矩阵表示法中边所对应的值,若两者相连则 $A_{vw} = 1$,否则 $A_{vw} = 0$;k_v 和 k_w 分别表示两个节点的度数;如果两个节点在同一个社群中,那么 $s_v s_w = 1$,否则 $s_v s_w = 0$。在该公式中 $\frac{k_v k_w}{2m}$ 即是两个节点在随机情况下相连的概率。

模块度(Q)取值范围是 $[-1/2, 1)$,当模块度值大于0时,表示社群内部的连边概率大于随机概率,该值越大说明社群内部的边越多。社群识别算法的目标就在于改变社群的划分而提升整个网络的模块度值。社群识别算法主要包括边聚类方式的层次凝聚方法④⑤、移除边模式的分裂式方法⑥等。相关综述可以参见文献⑦。

①Radicchi F, Castellano C, Cecconi F, et al. Defining and identifying communities in networks[J]. Proceedings of the National Academy of Sciences of the United States of America, 2004, 101(9): 2658-2663.

②Newman M E J, Girvan M. Finding and evaluating community structure in networks[J]. Physical Review E Statistical Nonlinear & Soft Matter Physics, 2004, 69(2 Pt 2):026113-026113.

③Newman M E J. Modularity and community structure in networks[J]. Proceedings of the national academy of sciences, 2006, 103(23): 8577-8582.

④Schuetz P, Caflisch A. Multistep greedy algorithm identifies community structure in real-world and computer-generated networks[J]. Physical Review E, 2008, 78(2): 026112.

⑤Clauset A. Finding local community structure in networks[J]. Physical review E, 2005, 72(2): 026132.

⑥Newman M E J, Girvan M. Finding and evaluating community structure in networks[J]. Physical Review E Statistical Nonlinear & Soft Matter Physics, 2004, 69(2 Pt 2):026113-026113.

⑦Fortunato S. Community detection in graphs[J]. Physics reports, 2010, 486(3): 75-174.

本书采用大规模网络中快速识别社群的 Louvain 社群发现算法①,该算法由 Blondel 等提出。该方法是一种自上而下归并结点来优化网络中的模块度,实现社群划分的方法。Louvain 方法性能较好,适用于大规模网络的社群识别任务,并且能够较好地确定网络中的社群数量。基于这些优势,本书使用 Louvain 社群发现算法从交叉学科主题共现网络中识别由主题构成的社群结构,作为交叉学科中的主题簇。

4.5 数字图书馆学科的知识组合结构实证分析

在上一章中,LDA 主题模型共从数字图书馆集成数据集中识别出 220 个主题,并对数据集中的每篇文献确定了相关的研究主题。进而根据主题共现网络构建方法,仅针对数字图书馆学科中的文献构建数字图书馆学科的主题共现网络。

4.5.1 主题共现网络可视化

数字图书馆学科的主题共现网络是从 1682 篇数字图书馆研究文献的主题建立起来的。表 4-1 列出了数字图书馆主题共现网络的基础指标。其中整体网络指标是主题共现网络的全貌,该网络共含有 220 个节点(主题)和 1788 条边。根据节点之间是否能够形成连通的路径,该网络可以分为 5 个连通片,在最大的连通片中网络直径为 4,代表整体网络节点为 4。该主题共现网络中任意两个节点如果存在连通两者的最短路径,这条最短路径的长度小于或等于 4。由此可知,数字图书馆学科中各个主题的距离并不大,表明网络整体而言较为紧密。同时,从网络密度来看,该网络的密度为 0.074,相对于其他社会网络而言,网络密度较大,进一步印证了网络整体连接较为紧密。另外,该主题共现网络的聚集系数为 0.334,说明网络中节点聚集其他节点的能力较强。整体来看,数字图书馆的主题共现网络是一种规模较小,彼此连接较为紧密的网络。

表 4-1　数字图书馆主题共现网络基础指标描述

主题共现网络	整体网络	简约网络(边权重 >1)
节点	220	220
边	1788	352
连通片	5	76
直径	4	6
密度	0.074	0.015
聚集系数	0.334	0.043

①Blondel V D, Guillaume J L, Lambiotte R, et al. Fast unfolding of communities in large networks[J]. Journal of Statistical Mechanics Theory & Experiment, 2008, 30(2):155-168.

进一步观察,我们发现该主题共现网络中含有大量边权重为1的连边。图4-4是利用 Gephi 网络分析工具将该主题共现网络进行可视化展示的结果。从该图的视觉布局来看,该网络中连接较为紧密。在该网络中,节点之间连接权重越大,两者连边越粗。可以看出,该网络中大多数节点间的连线均较为细,统计发现约有1536条边的权重仅为1,约占所有连边的80%。这一数据说明,数字图书馆学科中多数主题共现次数为1,表明这些主题之间的组合关系并不强烈,相对而言属于较为随机的组合模式。鉴于此,我们对这些共现次数为1的连边去除,即移去网络中权重为1的连边。

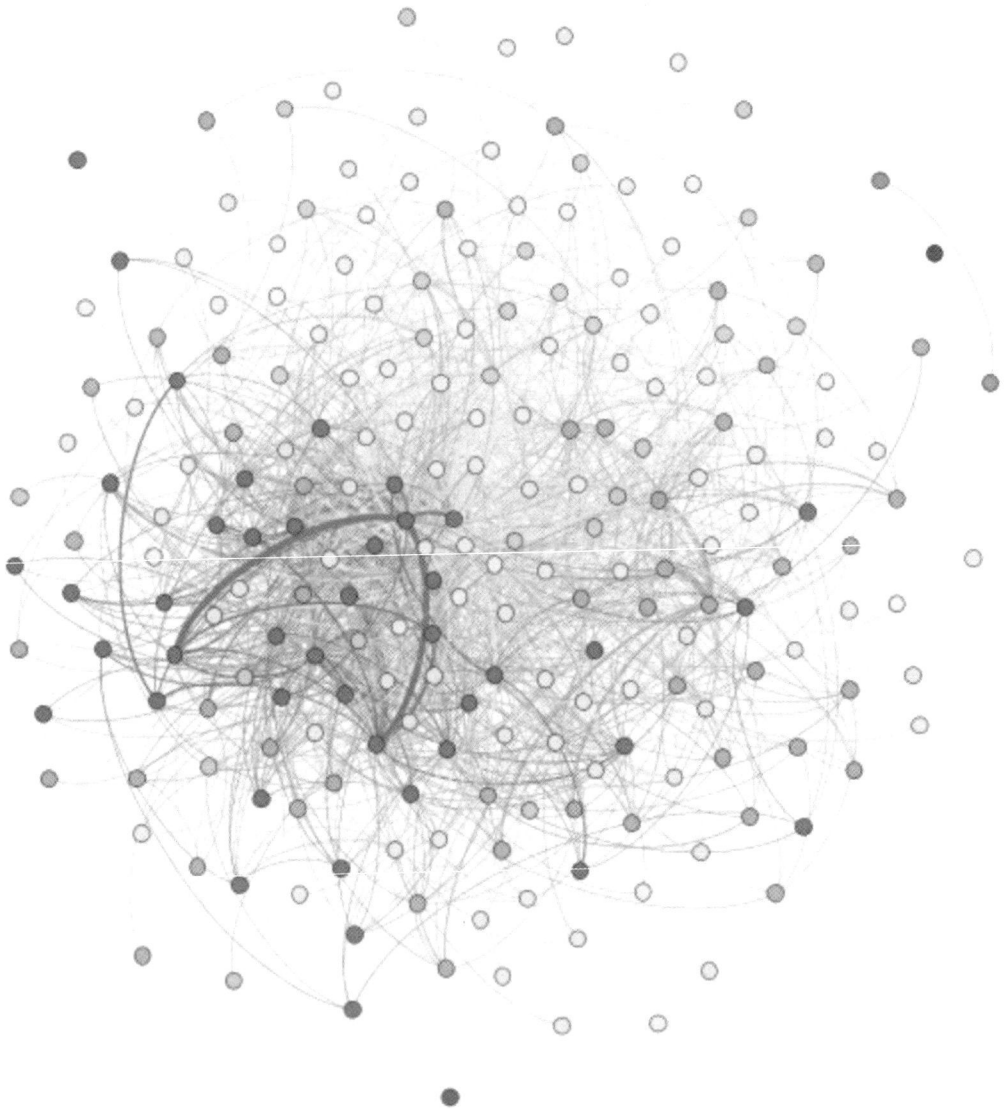

图4-4　数字图书馆学科主题共现网络

　　从可视化效果图 4 - 5 看出,简化后的主题共现网络含有更为稀疏的连边。去除边权重为 1 的连边后的简约网络的相关网络指标亦参见表 4 - 1。在该简约网络中,连边仅包含 352 条,而连通片 76 个,表明去除权重为 1 的连边后,较多节点变为互不连通。同时,网络直径增加到 6,产生网络直径增大的原因在于,原来的部分最短路径不再相连,使得网络中的部分节点之间的最短路径增长,从而导致网络直径增加。另外,网络密度和网络平均聚集系数均具有显著的下降,亦表明简约后的网络紧密性显著降低。然而,这种网络简约方式,能够保持网络中的核心骨架结构。从交叉学科主题共现的结构来看,其中的核心骨架关系更能体现交叉学科中知识组合的结构。因此,本章后续的分析均是基于这一简约后的数字图书馆共现主题网络展开。

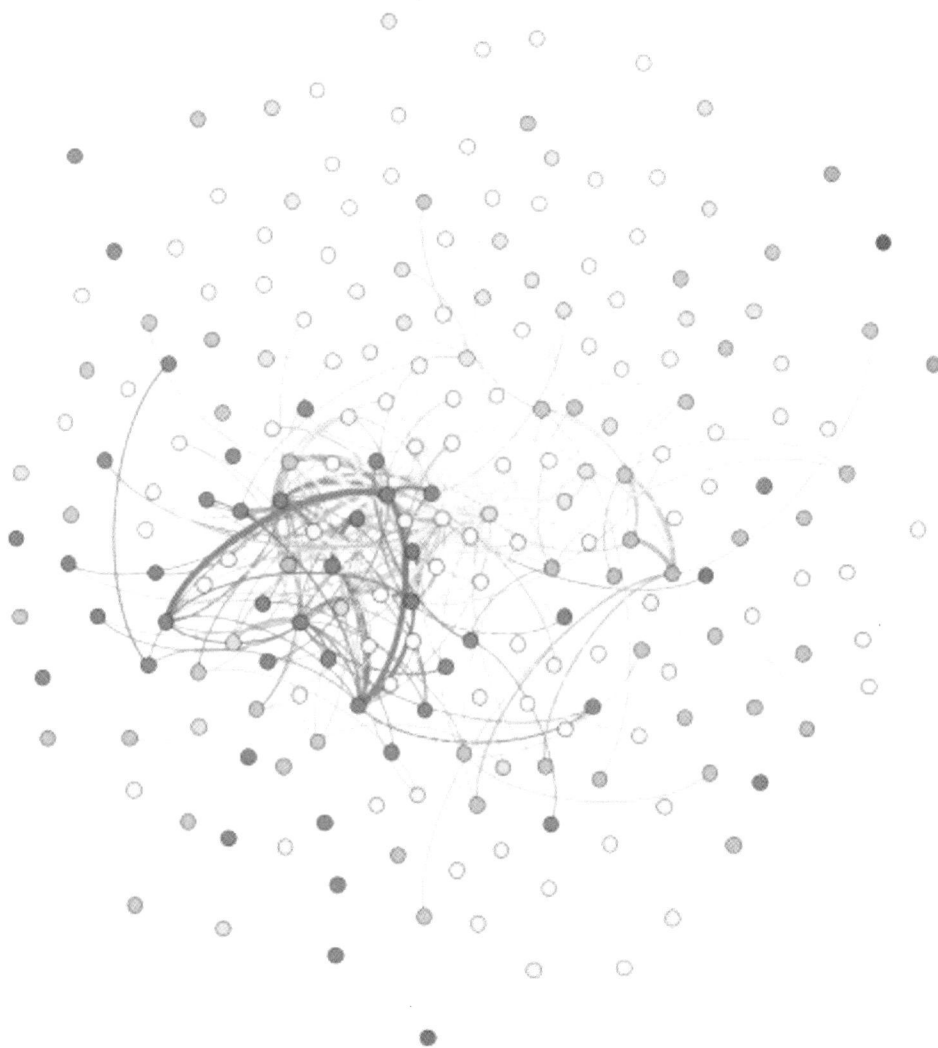

图 4 - 5　数字图书馆学科的简约主题共现网络(边权重大于 1)

4.5.2 主题重要性分析

通过对数字图书馆主题共现网络进行结构分析,可以挖掘和分析主题在各个维度上的重要性,从而理解数字图书馆学科中较为重要的研究主题。在本书第3章中,运用主题中研究文献的数量统计,识别出一些重要的研究主题,例如数字馆藏、元数据、开放获取与开源软件等(参见图4-6)。运用主题共现网络分析,本书将从其他维度揭示重要的研究主题。

运用 Gephi 网络分析工具,计算得到主题共现网络中加权点度中心性、中介中心性、接近中心性、特征向量中心性和 PageRank 中心性值,参见表4-2。加权点度中心性体现了主题与其他主题进行直接知识组合数量,揭示出主题的直接知识聚合能力。由表4-2可知,数字馆藏、元数据、方法与目标、开放获取与开源软件等主题,在数字图书馆学科中拥有较强的知识聚合能力。这些主题与较多的其他主题直接产生知识组合关系,共同出现在较多的研究文献之中。其中,数字馆藏主题的知识聚合能力最强,其加权点度中心性达到309,其次是元数据主题,达到103。

在交叉学科主题共现网络中,中介中心性越高的主题,起到的知识桥梁作用越大。从中介中心性指标来看,数字馆藏、开放获取与开源软件、元数据、方法与目标等知识桥梁作用较大(表4-2),它们在数字图书馆学科中起到了连接其他研究主题的核心作用。中介中心性较高的主题与加权度中心性较高的主题存在着一些差异,例如,文献引用主题在中介中心性排名中处于第7位,而在加权度中心性排名的靠前的15位主题中并不包含它。这一现象的原因在于,起到中间知识桥梁作用的主题并不一定拥有较强的直接知识聚合能力,它们只起到连接不同类型知识的能力。

接近中心性衡量的是主题与其他主题之间的距离,体现了主题通过间接关系影响其他主题能力。数字图书馆学科中,政府机构、信息流、问卷调查、对比分析、数字馆藏等主题拥有较强的接近中心性(表4-2),它们间接影响其他主题的能力较强。这些主题知识组合的需求越强烈,更倾向于在未来被更多其他知识所整合。从排序来看,接近中心性较高的主题与其他指标均具有较大的差异。

特征向量中心性指标和 PageRank 中心性指标均考虑了邻近节点的重要性,体现的是主题在整个网络中的重要性程度和长时间影响力。特征向量中心性指标中,数字馆藏、元数据、查询对象、信息查询等具有较高的重要性,而 PageRank 中心性揭示数字馆藏、元数据、方法与目标、查询对象等具有较高的重要性。两者具有一些差别,主要原因在于计算方式的不同,PageRank 中心性计算时考虑了网络整体的结构和邻近节点的权重等网络性质,通过迭代方式计算。因此,PageRank 指标所反映的主题重要性,是考虑了整个数字图书馆主题共现网络结构基础上揭示出来的,是一种全局性的指标,所揭示的主题知识聚合能力更加长效性。

通过对比不同重要性分析指标发现,数字馆藏、元数据、方法与目标、开放获取与开源软件、查询对象等主题在各个指标的排序中均靠前。因此,这些主题是数字图书馆学科中较为重要的研究主题,不仅拥有较多的研究成果,同时在交叉学科知识组合关系中也起到了较为重要的知识聚合能力和知识桥梁作用。

表 4－2　数字图书馆主题共现网络中五类节点中心性指标中排序前 15 位的主题列表

加权度中心性		中介中心性		接近中心性		特征向量中心性		PageRank 中心性	
主题	值	主题	值	主题	值	主题	值	主题	值
数字馆藏	309	数字馆藏	0.2967	政府机构	1	数字馆藏	1	数字馆藏	0.1124
元数据	103	开放获取与开源软件	0.0378	信息流	1	元数据	0.4949	元数据	0.0297
方法与目标	58	元数据	0.0374	问卷调查	1	查询对象	0.4082	方法与目标	0.0241
开放获取与开源软件	56	方法与目标	0.0271	对比分析	1	信息查询	0.3772	查询对象	0.0231
查询对象	55	自动化技术	0.0245	数字馆藏	0.6827	开放获取与开源软件	0.3633	开放获取与开源软件	0.0227
系统架构和整合	51	查询对象	0.0212	元数据	0.5053	文本检索	0.3258	自动化技术	0.0200
信息查询	49	文献引用	0.0204	开放获取与开源软件	0.4965	系统架构和整合	0.3196	信息查询	0.0170
文本检索	46	可视化图谱	0.0171	查询对象	0.4814	方法与目标	0.3096	文本检索	0.0162
自动化技术	43	科学研究	0.0142	方法与目标	0.4797	语义网与本体	0.3062	系统架构和整合	0.0144
算法研究	43	文本检索	0.0140	文本检索	0.4718	图书馆中的身份问题	0.2625	算法研究	0.0141

续表 4－2

加权度中心性		中介中心性		接近中心性		特征向量中心性		PageRank 中心性	
主题	值	主题	值	主题	值	主题	值	主题	值
分布式系统	38	交互性分析	0.0128	信息查询	0.4641	结果启示	0.2598	语义网与本体	0.0140
语义网与本体	38	病历	0.0119	语义网与本体	0.4581	分布式系统	0.2481	结果启示	0.0136
结果启示	34	语义网与本体	0.0083	系统架构和整合	0.4522	结构、要素	0.2363	交互性分析	0.0123
感知与接受	29	图书馆读者	0.0072	数据仓库与数据挖掘	0.4494	中国（发展、建设相关）	0.2347	图书馆中的身份问题	0.0114
交互性分析	29	准确性评估与分析	0.0071	图书馆中的身份问题	0.4494	用户界面	0.2195	学习与教育	0.0114

4.5.3 频繁共现主题分析

数字图书馆学科中的频繁共现主题,是数字图书馆中知识组合关系中具有较强关联的主题。本书采用边权重的方式识别出数字图书馆主题共现网络中的频繁共现主题。为了考察数字图书馆学科中主题共现网络中主题之间共现文献数量,图 4-6 列出了该主题共现网络中边权重的分布,其中纵轴经过了对数化处理。从该图的形状来看,主题共现网络的边权重似乎服从幂律分布。进一步运用最小二乘法拟合发现,边权重的分布可以表示为幂函数 $y = 1486.9x^{-2.938}$,其中 y 是边的数量,自变量 x 是边权重,决定系数 $R^2 = 0.9572 > 0.9$ 表示该拟合效果较好。主题共现网络边权重的幂律分布,亦可以称为齐普夫(zipf)分布,表明该网络中边的权重具有如下效应:在该网络中,仅少数边的权重较大,而大多数边的权重都较少。

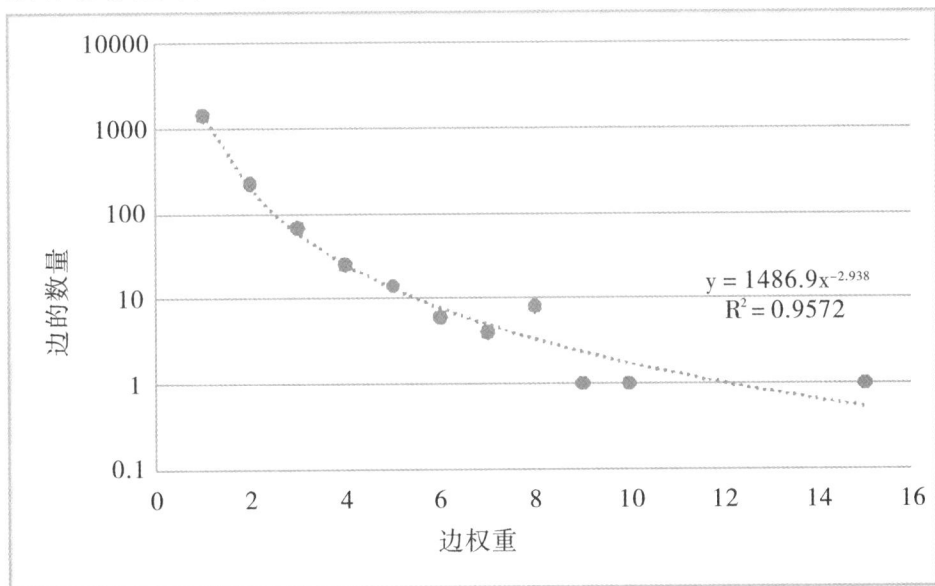

$$y = 1486.9x^{-2.938}$$
$$R^2 = 0.9572$$

图 4-6　数字图书馆学科主题共现网络的边权重分布图

主题共现网络中的频繁共现主题是其中权重较高的主题,本书认为这类主题能够揭示交叉学科中最为主要的知识组合关系,是学科知识组合结构中的骨干。通过观察图 4-6 中的边权重分布,本书将权重值大于等于 5 的边所连接的主题理解为频繁共现主题。从总体数量来看,这些频繁共现主题间形成的边仅占整体边的极小部分(共 35 条,总边数为 1788)。图 4-7 仅列出了这些频繁共现主题之间的边。从该图中可以看出,仅极少数边保留在该网络中。

图 4-8 仅将频繁共现主题抽取出进行可视化。从该图中可以得到,数字图书馆学科中的频繁共现主题主要围绕着主题 66"数字馆藏"和主题 195"元数据"两个主题展开,这进一步揭示了主题 66"数字馆藏"和主题 195"元数据"是该学科中的核心主题。从频繁共现关系来看,与主题 66"数字馆藏"具有较强知识组合关系的主题包括:7 互联网访

问、13 因素及其关联、81 跨语言、188 图书馆服务、213 学习与教育、207 参考咨询、11 查询对象、18 质量提升、159 图书馆中的身份问题以及 160 语义网与本体。与 195"元数据"具有较强知识组合关系的主题包括:160 语义网与本体、219 可视化图谱、191 开放获取与开源软件和 59 服务器设施等。进一步分析这些具有较强知识组合关系的主题可以发现,其他主题是对主题 66"数字馆藏"和主题 195"元数据"这两个核心主题的应用研究或者某一方面的进一步深入研究。例如,数字馆藏与参考咨询两者的共现关系,可能是将数字馆藏应用于参考咨询服务之中的相关研究,而数字馆藏与质量提升两者的共现,可能是探讨数字馆藏中的质量问题。进一步能够分析这些频繁共现主题背后的研究结构。同时,还可以观察到 160 语义网与本体作为中间桥梁将主题 66"数字馆藏"和主题 195"元数据"这两个主题建立了联系。

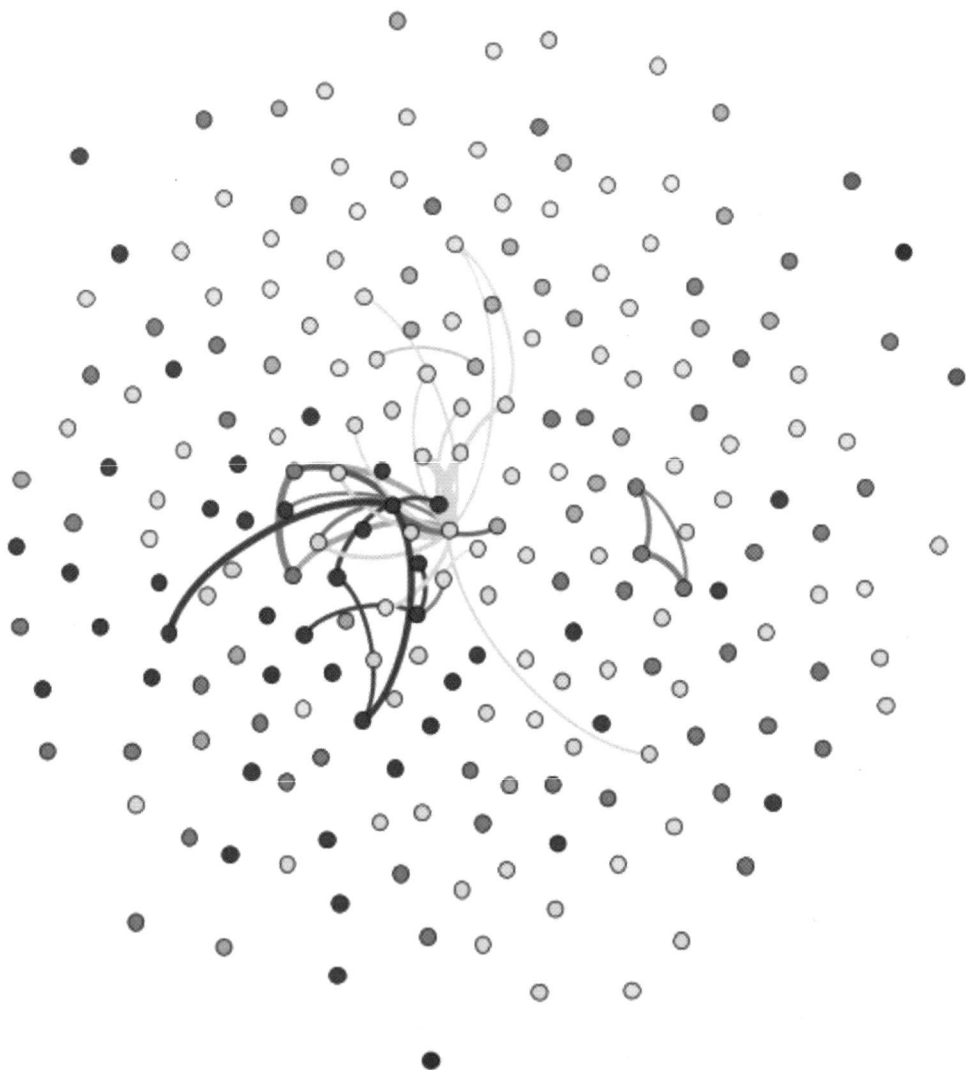

图 4-7 数字图书馆学科主题共现网络的主要连边(权重 >4)

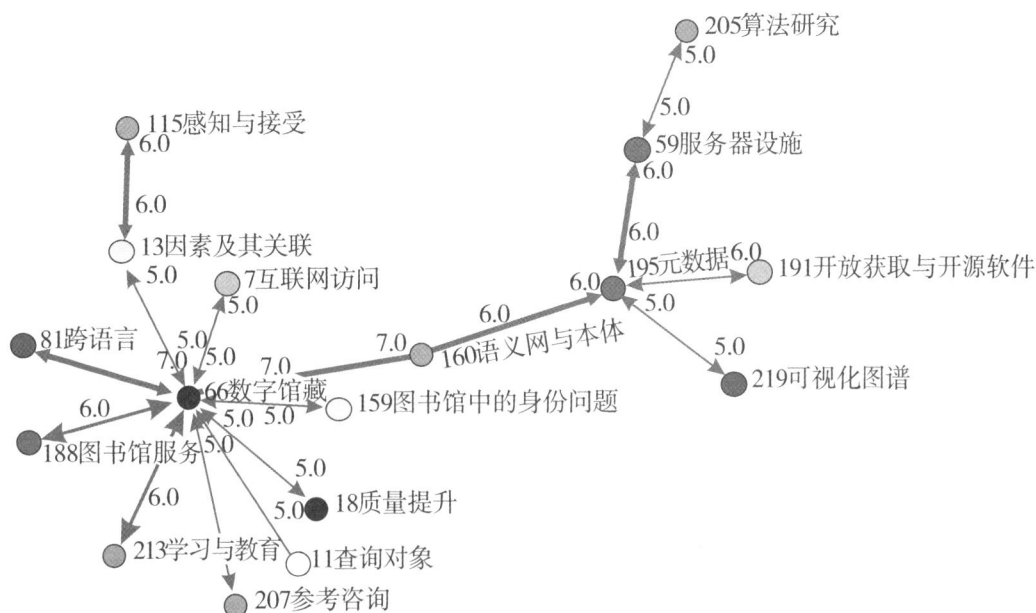

图 4 – 8　数字图书馆学科频繁共现主题连通网络

　　主题共现网络中边权重较小的主题占据了大部分的边,表明在学科知识创新过程中,存在着大量的微观知识组合关系。这些微观知识组合关系可能存在于核心知识以外,例如主题 54"现状与趋势"和主题 87"学术搜索引擎"两者均不在频繁共现主题之中;也可能是核心知识与其他非核心知识之间的组合,例如主题 66"数字馆藏"与主题 143"不同洲的模式与会议"是数字馆藏在不同地区的对比研究。正是这些微观知识组合关系的存在,使得数字图书馆学科研究中充满了多样性,同时也体现了数字图书馆学科的跨学科特征,因为较多主题来自于其他学科。本书将在下一章进一步揭示在数字图书馆中的跨学科合作现象。

4.5.4　主题知识簇分析

　　在主题共现网络中,主题通过彼此共现而相互关联。除了两两主题之间的联系外,多个主题彼此相连,而产生主题的聚集现象。本书将这种主题聚集现象理解为知识簇,代表数字图书馆学科中的模块化知识。在每个知识簇内部,各个主题之间发生着频繁的知识组合关系。借助复杂网络社群识别算法 Louvain 方法,从数字图书馆学科主题共现网络中共识别得到 81 个社群。其中 72 个社群仅包含 1 个主题,属于网络中的孤立主题,这些孤立主题事实上并不

图 4 – 9　社群 80 和社群 81 的网络结构图

形成知识簇结构。本书重点关注余下的 9 个主题社群所代表的知识簇。每个知识簇中包含数量不一的互连主题。图 4 – 9 展示了数字图书馆学科中社群 80 和社群 81 两个知

识簇示例。从网络节点之间的相互连接来看,每个知识簇内部连接较为紧密,合乎社群结构的定义。

　　表4-3列出了数字图书馆学科中9个主要的知识簇。由该表可知,知识簇73拥有最多的主题数量,其中包括数字图书馆学科中的两大核心主题,"66数字馆藏"和"195元数据"。由此表明,在数字图书馆学科中,关于数字馆藏和元数据的研究之间存在着较多的知识组合关联,以这两个主题为核心的知识簇,代表了数字图书馆学科中最为核心的知识领域。相对而言,较为重要的4个知识簇包括74、75、80和81,它们也包含较多的研究主题。知识簇74涉及到数字图书馆研究中的分类、聚类等数据挖掘,以及图书馆员和图书馆读者相关研究。知识簇75的研究内容包括数字图书馆中的信息检索问题以及可视化问题。知识簇80主要关于健康信息、文献计量等相关研究。知识簇81则涉及到互联网、数据库以及算法等相关研究。这4个知识簇内部也存在着一定的多样性,这种多样性体现的是知识组合关系中的互补性和关联性。

　　除以上重要知识簇以外,数字图书馆学科中还包括一些较为小众的知识簇,其中仅包含少数几个研究主题。知识簇76包含6个主题,主要关于电子出版物和文献传递相关研究。知识簇77拥有3个研究主题,关于生物信息和信息素养相关内容。知识簇78仅包含2个主题,主要关于政府信息和信息流研究。知识簇79中的两个主题主要涉及问卷调查和对比分析等研究方法。这两个主题形成知识簇表明在数字图书馆的问卷调查研究中,常需要对不同研究对象进行对比分析。

　　知识簇现象揭示了数字图书馆学科中的局部知识集结现象。从这些知识簇中,我们发现一些原本被认为关联较少的主题,却出现在同一个知识簇中。例如,知识簇74主要是包括数字图书馆中的数据挖掘相关研究,而其中也包含了163图书馆员和84图书馆读者相关主题。通过阅读该主题中的文献,我们发现图书馆员对数据挖掘相关研究表示出了较强的兴趣,而图书馆读者所产生的数据则是数据挖掘的数据来源和最终的服务对象。由此可知,这两个主题存在于以数据挖掘为核心的知识簇中,具有一定的客观内在关联。根据以上分析,我们发现通过观察学科中的知识簇现象,可以揭示交叉学科中间接的知识关联结构。

表 4 - 3　数字图书馆学科中的主要知识簇

知识簇	主题
73	66 数字馆藏；195 元数据；29 方法与目标；24 系统架构和整合；160 语义网与本体；119 结果启示；159 图书馆中的身份问题；213 学习与教育；12 分布式系统；115 感知与接受；59 服务器设施；197 国家图书馆；60 中国(发展、建设相关)；193 评估标准与方法；109 大学课程；32 移动情景；188 图书馆服务；65 效果(有用性)检验；76 产品；80 用户描述；167 框架与应用等；87 学术搜索引擎；63 研究、考察；121 馆藏保存；52 知识(库)；175 项目相关；169 网站内容与版权；15 范围/互联网；13 因素及其关联；194 文化遗产；42 系统设计；210 研究模型；207 参考咨询；18 质量提升；146 特征分析；7 互联网访问；192 网络相关；50 题录；151 支持与需求；48 研究、探索；75 结果呈现；104 图书馆培训；211 领域和方法；79 信息系统；67 专家验证与建议(专家系统)；35 单个、原子；3 业务流程；112 图书馆困境；27 虚拟现实；157 发展与开发；190 高校图书馆；34 教育与培训；47 开放获取；56 数量方法；82 多媒体馆藏；108 信息环境；110 合作与分享；111 属性与集合；114 技术管理；152 讨论问题；161 选择与推荐；177 关键性与潜力分析；217 不同国家的图书馆发展状况；21 馆藏采购；99 区域账户；153 工作实践；31 社会信任、资本；103 模糊理论
74	191 开放获取与开源软件；92 自动化技术；84 图书馆读者；102 数据仓库与数据挖掘；135 准确性评估与分析；17 远程应用；132 错误监测、隐私保护；36 电子书；163 图书馆员；118 交流；53 分类；208 概念框架；186 评估分析；116 历史性分析；131 代价与效果分析；137 聚类种类；105 地理位置；120 任务与工作流；10 软件开发
75	142 信息查询；164 文本检索；218 用户界面；219 可视化图谱；78 信息搜寻行为；81 跨语言；202 不同阶段的人；198 数据模型；61 研究方法；123 评价评估；171 源特征与对比分析；77 定义条款；4 数量与序列；196 模式分析；90 系统实时性；44 序列
76	33 文献传递；176 电子出版物；162 期刊相关研究；140 图书馆会议；54 现状与趋势；69 资源(可利用性)
77	184 教育与素养；166 生物医学信息；16 学科文献、信息
78	5 政府机构；23 信息流
79	71 问卷调查；165 对比分析
80	187 交互性分析；83 文献综述；58 科学研究；122 文献引用；89 病历；91 作者(论文发表)；101 实例观察；51 定性与定量分析；203 速率分析；179 图书馆门户；147 上下文分析；209 档案相关；22 级别；199 相关性分析；57 健康领域；170 多样性研究；55 帮助作用；88 机会与帮助
81	11 查询对象；205 算法研究；127 结构、要素；154 互联网工具、链接等；45 用户；94 过程与机制；156 系统集成；201 数据库相关；113 转换；8 特征差异；215 系统复杂性、仿真系统等；97 谱分析；37 集合研究

4.6 本章小结

从主题层次粒度来看,交叉学科知识创新过程亦是主题知识组合的过程。本章通过主题共现关系来研究交叉学科的知识组合结构。首先,本章对学术信息分析中的共现理论进行了梳理,提出构建主题共现网络,用于对交叉学科中知识组合关系建立模型。进而在主题共现网络结构挖掘过程中,依次开展点、边、局部等三个层次分析:①运用节点层次的多种中心性指标,对不同研究主题的重要性进行量化排序,并通过不同中心性指标的内涵,阐释各个主题在整个交叉学科中的所承担的不同角色;②运用边层次的中心性分析挖掘频繁共现主题,理解交叉学科主题组合关系;③借助局部网络结构分析中的社群发现方法识别主题群落,提示交叉学科中的主题集群结构,分析交叉学科中的知识簇现象。在实证环节中,以数字图书馆学科为例,深入分析该学科中的知识组合结构。研究发现,该学科中数字馆藏、元数据、方法与目标、开放获取与开源软件、查询对象等主题在各个指标维度上均表明其重要性;同时,还发现了该学科中的一些频繁共现主题,这些频繁共现主题多以数字馆藏和元数据为中心;并识别出 9 个主要的知识簇,其中知识簇 73 为最大知识簇,覆盖了数字图书馆学科中的两大核心主题(数字馆藏和元数据)。

第5章 基于多模主题网络的跨学科知识组合模式研究

5.1 引言

上一章通过观察交叉学科主题共现网络,对交叉学科内部知识组合结构进行了研究。交叉学科知识创新的过程,伴随着多个相关基础学科的知识融合。交叉学科中研究成果的产生,是跨学科知识融合的结果。在上一章中,我们发现数字图书馆学科研究中存着着大量的知识组合关系,例如那些与主题"数字馆藏"与主题"元数据"产生的知识组合。这些微观知识组合关系,使得数字图书馆学科研究中充满了多样性,同时也体现了数字图书馆学科的跨学科特征,因为除这两个主题以外,其他主题基本都来自于相关的基础学科。因此,事实上这些知识组合关系是交叉学科跨学科的知识组合。

本章将以交叉学科中的跨学科知识组合为研究对象进行研究。从交叉学科知识创新过程来看,相关的研究活动本身受到现有知识基础、客观研究问题、科学研究活动的循序渐进过程等影响。这就是说,交叉学科中跨学科知识组合亦不是随机发生的,而是受到某种客观规律影响。从知识组合的角度来看,不同类型、不同学科知识在交叉学科中发生着组合、渗透,其内也应当由某种规律所主导。本章将从主题层次,通过观察知识组合的现象,发现其背后的规律。具体而言,本书将尝试对主题类型和不同学科为分析维度,揭示跨学科知识组合中的模式型知识组合结构。

5.2 跨学科知识合作模式

跨学科知识合作的一个表现是学科间知识的流动。知识流动一般指知识由知识的拥有者通过一定的传播途径流向知识的利用者[①]。在整个科学版图中,学科之间彼此发生着知识流动。学科知识流动是由学科内学者引导的,是流入学科整合流出学科知识的过程。本质上,学科知识流动是流入学科的研究者利用流出学科知识的过程。与水资源的流动不同,学科间知识流动过程不存在此消彼长的现象,相反,学科知识的流动促进了流入学科的知识创新。学科知识流动过程中的一种方式是通过学科知识共享,发生跨学

---

①萨缪尔森, 诺德豪斯. 经济学[M]. 北京: 人民邮电出版社, 2007

科知识合作,进而得以整合创新。在跨学科研究中,知识流动的现象也越为频繁,发生的知识合作、整合创新也更为常见。

跨学科知识合作的一个组织形式是跨学科科研团队构建。在传统科学研究机构,诸如大学、科研院所,学科是基本的科研和教学单元。例如,大学中的院系一般是按学科进行设置,中国研究院中多数研究所也具有明确的学科特征。近代以来,随着以研究问题为导向的跨学科研究模式的兴起,跨越多个学科的研究团队也渐渐盛行,这种跨学科团队也被称作"跨学科学术组织"①。跨学科组织具有共同的研究目标,其内部成员具有不同的学科背景,涉及自然科学、工程技术、社会科学、人文科学等等不同学科②。麻省理工大学的一个特色即是包含着多个跨学科科研组织,开展着多个跨学科研究项目,并培养了较多跨学科人才。在当前倡导跨学科研究背景下,跨学科科研团队的构建为交叉学科研究提供了组织层面的保障,是跨学科研究的关键所在③。不同学科背景的科研人员,拥有不同的学科知识和认知模式,同时也具有个人特色的价值观,因此在跨学科合作过程中,难免会产生一些分歧。构建一个具有共同使命的跨学科团队,可以通过组织形式保障和聚拢团队成员,从而完成复杂的跨学科科学研究任务。

跨学科科研团队的工作重心是实现跨学科知识合作,整合来自于不同学科的知识,在解决科学问题过程中实现跨学科知识创新。跨学科科研团队的本质功效即在于跨学科知识的合作,这也是跨学科科研团队构建的初衷。在跨学科知识合作过程中,创新单元的知识创新和创新个体的认知图式扩展,主导了跨学科知识创新过程④。将跨学科科研团队视为一个创新单元,跨学科科研团队发生在多个学科知识的交叉地带,避免了同一学科知识发生停滞不前的危机,更有利于学科知识的正向迁移,促进科学知识的一体化发展,引导学科之间的协同迁移,实现不同学科知识单元的合作,扩展各自知识存量,从而促进整个学科发展。从创新个体来看,个体中承载的不同知识类型和知识点,在个体头脑以及个体交流过程中发生激活、链接与融合,从而实现个体认知层次的升级,并增加个体知识总量,实现知识创新。创新单元与创新个体的实互,可以促进交叉学科知识和创造性思维在团队层上的异质性知识整合以及认知调整④。从耗散结构理论来看,跨学科团队在知识整合过程中也存在着熵减机制、学科互补机制、耦合机制及触发机制等,从而促进科研团队形成稳定有序结构⑤。从异质性知识类型来看,跨学科团队中发生耦合的知识包括不同学科的科技知识、理论方法、组织知识以及文化知识等方面,跨学科知

①Gjelsvik O. Philosophy as Interdisciplinary Research[M]//New Challenges to Philosophy of Science. Springer Netherlands, 2013: 447 –455.

②张炜,邹晓东,陈劲. 基于跨学科的新型大学学术组织模式构造[J]. 科学学研究, 2002, 20(4): 362 –366.

③柳洲,陈士俊,张颖. 跨学科科研团队建设初探[J]. 科技管理研究, 2006, 26(11): 137 –139.

④王晓红,金子祺,姜华. 跨学科团队的知识创新及其演化特征:基于创新单元和创新个体的双重视角[J]. 科学学研究, 2013, 31(5): 732 –741.

⑤张宝生,张庆普. 基于耗散结构理论的跨学科科研团队知识整合机理研究[J]. 科技进步与对策, 2014, 31(21): 132 –136.

识的创新过程是以上方面不断耦合,促进科学知识空间不断发展和深化的过程①。综上所述,跨学科团队的形成,本质上是跨学科知识合作、融合,实现科学知识创新的过程。

通过窥视交叉学科中,不同学科的知识结构,亦能发现跨学科知识合作的底层运行规律。交叉学科中的跨学科知识整合是指通过运用科学的方法,将不同学科中的知识(自然科学、社会科学等,包括理论、方法等具体知识)和不同的认知思维模式在多个层次中有机整合在一起,综合并集成、重构为一个新的知识体系,实现科学知识创新②。在跨学科知识整合过程中,充满微观的知识创新行为,这些行为中体现着跨学科知识合作的一些基本结构和模式。

一些研究从理论和实证的角度,对跨学科知识合作结构和模式进行了剖析。陈英和与张淳俊借助跨学科概念图,剖析了跨学科概念图创作中的心理过程,构建了一个跨学科知识整合模型③。跨学科研究的基本手段是科学研究方法的移植使用④⑤。较多研究方法,例如实验法、观察法等,一般早期在少数几个学科中使用,后来逐渐为其他学科所借鉴,从而推广开来。这种规律表明,科学方法的移植借用是科学发展的一个客观规律。研究方法在整个科学中至关重要,影响着原始创新,例如在诺贝尔奖获奖者与我国两院院士的科研成果中,研究方法在他们的原始创新中起到重要作用⑥。针对交叉学科而言,一方面,研究问题较为复杂而多面,进行全面研究,需要来自于不同学科的研究方法;另一方面,正是由于跨学科团队成员移植其他学科的研究方法,从而提出并解决了新的交叉学科研究问题。跨学科知识创新的另一个动力来自于研究理念的碰撞⑦,其背后事实上是不同科学理论的接触和比较。科学知识结构的两种基本结构是"|"和"—"两种类型。"|"型知识结构是指研究主题掌握专深的知识背景,知识精而不博,所涉及的知识面较为狭窄。"—"型知识结构是指研究主体涉及较广的知识面,而缺乏研究深度。跨学科知识创新,事实是上两者的结合,形成一种"T"型结构,即研究者具有广博的知识面,同时在某一方面上又具有较深的知识深度和层次。交叉学科知识合作,即是通过组织不同学科的研究人员,形成一个具有"T"型结构的科研团队。一般而言,科学理论体系的构建一般围绕着特定的研究对象。因此,综上来看,研究方法和研究对象是跨学科知识合作中的重要要素,通过分析他们有助于理解跨学科知识合作结构规律。

尽管当前大多数跨学科知识合作都是理论层面的分析和讨论,然而跨学科知识合作也必然在其过程和成果中有所体现。通过观察交叉学科的科学研究成果,可以发现跨学

①柳洲,陈士俊,王洁. 论跨学科创新团队的异质性知识耦合[J]. 科学学与科学技术管理,2008,29(6):188 - 191.

②Max - Neef M A. Foundations of transdisciplinarity[J]. Ecological economics,2005,53(1):5 - 16.

③陈英和,张淳俊. 基于跨学科概念图的跨学科知识整合模型[J]. 北京师范大学学报:社会科学版,2010(1):37 - 44.

④徐飞. 论科学方法的跨学科运用[J]. 科学技术与辩证法,1996,13(6):24 - 29.

⑤李春景,刘仲林. 跨学科研究规律的实证分析[J]. 科学技术与辩证法,2004,21(2):75 - 78.

⑥陈雅兰,戴顺治,郑琳琳,等. 原始性创新中的创新技法研究[J]. 科学学研究,2015(4):481 - 489.

⑦李春景,刘仲林. 跨学科研究规律的实证分析[J]. 科学技术与辩证法,2004,21(2):75 - 78.

科知识合作现象,透过这些现象,可以进一步揭示其中的跨学科知识合作结构和规律。李春景和刘仲林提出一种交叉学科模式的分析框架①。该分析框架主要从研究对象交叉、科学主体交叉和科学范式的交叉三个方面进行分析。其中研究对象交叉主要关注研究领域的交叠和属性的相似性,科学主题交叉主要关注知识背景交叉和团体合作交叉,而科学范式交叉则从语言移植再生、方法借鉴渗透和理论一体化三方面进行考虑。该分析框架从整体层面对交叉学科模式进行了梳理,从这一分析框架中可以看出,研究对象和研究方法也是较为重要的分析方面。引文分析是一种剖析交叉学科知识结构的方法,这种方法是从知识流动的角度入手,通过计量方式考查知识的流动。赵丙军和司虎克通过中国引文数据库收集体育学科的研究文献,分析了体育跨学科知识流动特征②。通过这类研究的启发,跨学科知识合作结构也可以通过某种文献计量方法进行观察。一种较为切实可行的操作方式是从文献中寻找交叉学科模式分析框架的分析方面,通过文献计量进行量化分析。本书将选择该分析框架中的研究对象和研究方法进行量化统计,以期揭示交叉学科中的跨学科合作模式。

5.3 交叉学科多模主题网络构建

5.3.1 主题的学科划分

科学的结构理论③认为,科学知识具有层级结构,这种层级性类似于地球地壳的层级结构。若将科学知识按层级进行剖析,可以划分出如下的层级结构:学科门类、学科、研究领域、研究主题等不同级别的划分。例如,自然科学是一种学科门类,物理学是一个学科,天体物理是一个研究领域,而天体物理的辐射机制是其中的一个研究主题。当然,目前尚未形成较为统一的学科层级划分体系,不同学者对上述示例也可能存在不同的理解,比如某些学者认为天体物理也应当是一门学科。在此,本书并不探讨如何定义一个科学的层级划分体系,而仅借鉴“科学的层级性”这一思想。本书的观察粒度主要有学科、主题、研究论文以及论文中的各种实体。针对这些粒度,采用层级结构分析可以得到如图 5 - 1 所示的结构图。在该结构示例图中,学科是最外层的结构,每个学科内部包含着多个研究主题,主题被认为是相互独立的,不同主题之间相互不重合。每个研究主题涉及到多篇研究论文,同一篇研究论文可以归属于多个主题之中。每篇研究论文中包含多个实体,这些实体类型可以是作者、期刊、关键词、机构等实体,不同的研究论文也可以拥有相同的实体。基于这种层级结构假设,本书将研究主题视为学科内部的一种子结构,一个研究主题只归属于一个学科,即主题与学科之间具有从属关系。但是研究主题

---

①李春景,刘仲林. 现代科学发展学科交叉模式探析:一种学科交叉模式的分析框架[J]. 科学学研究, 2004, 22(3): 244 - 248.

②赵丙军, 司虎克, 王兴. 体育跨学科知识流动特征研究:基于中国引文数据库 (CCD) 的分析 [C]//2011 第九届全国体育科学大会论文摘要汇编(1), 2011:110.

③赵红洲. 论科学结构[J]. 中州学刊, 1981(03): 59 - 65.

与研究论文之间并无从属关系,一篇研究论文可以涉及多个研究主题,这些研究主题甚至可以来自于多个学科。

基于以上分析,本书所识别出的潜在主题均应隶属于某一学科,类似研究也被 Nichols 所采用①。根据主题与学科之间的关系,他将从美国自然科学基金社会、行为和经济科学类别 2000 年至 2011 年资助项目申请书中识别出的 923 个主题划分到相应的所属学科之中。本书亦借鉴这一思路,将从交叉学科集成数据集中识别出潜在主题划分到基础学科或者交叉学科之中。本书所采用的方法是利用定量分析和专家分析相结合的方法来判断主题所属的学科。具体而言,在识别每篇文献的主题基础上,得到主题的文献统计,以及每个学科中每个主题的文献数量。针对具体主题,某一学科中发文量越多,该主题属于这一学科的可能性越大。通过这种分析得到主题的可能学科,进而借助于专家人工分析来确定和调整主题的学科划分。

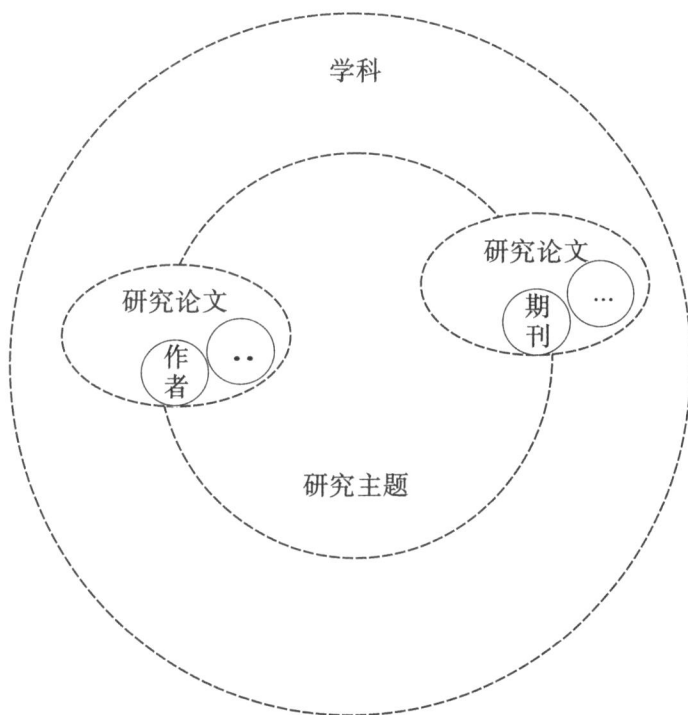

图 5-1　学科的层级结构示例

5.3.2 主题的类型划分

在科学研究中,不同主题具有不同的属性。采用某种划分方法,可以将学科中的主题进行类型划分。对于主题类型的划分,目前有不同的方式。一种主题类型划分框架是

①Nichols L G. A topic model approach to measuring interdisciplinarity at the National Science Foundation[J]. Scientometrics, 2014, 100(3): 711-754.

将主题分为研究对象和研究方法两类。其中研究对象代表了研究活动中具体研究问题所针对的具体研究事物,而研究方法是为解决研究问题而采取的解决方案。科学研究活动中的包含着多种变量,主要有本体、认识论、研究问题本质、理论、假设、样本、数据集合、验证、数据分析和结论概括等变量①。可以说,几乎所有的科学研究活动都需要针对某种具体的研究对象,从本体论和认识论角度出发提出待解决的科学问题,通过具体的科学研究工作,采取适当的研究方法来解决科学问题的具体相应方案②。因此,在这一过程中,研究对象和研究方法是这一过程中不可或缺的两种变量。

在文献计量领域,一些研究也尝试从文献元数据或者文献内容中识别出科学研究活动的变量或实体。Ding 等③提出的评价实体体系中包含知识实体,用以体现学术文献中的知识单元,这些实体包括论文关键词、数据集、方法、原理,还包含具体研究领域的各种知识概念(例如疾病名称、药物名、基因等)。在这些知识实体中,论文关键词、知识概念等涉及到研究对象,同时方法等实体则是关于研究方法。作为研究活动的成果,学术研究文献中体现着科研活动的研究对象和相关的研究方法④。同时,许多期刊要求在论文摘要中需要交待论文中所涉及到的研究问题、研究对象、方法和结果等⑤,因此论文摘要等文本内容中可以识别出研究对象和研究方法。

同时,一些研究尝试着从文献的全文内容中解析出研究对象和研究方法。Kondo 等人尝试从文献标题的词汇中区分出问题、方法和其他三类词汇,用以探测研究问题和研究方法⑥。Gupta 和 Manning 使用 Bootstraping 方法对文本内容的句法树分析出规则模板,从中提取出话题、技术方法和应用领域等不同的研究实体⑦。Tsai 等则关注方法和应用两类实体,其中方法指文献中使用的方法技术,而应用主要是指方法所解决的科学问题⑧。类似研究亦可参见在文献中⑨。由此观之,从科学研究文献中自动识别研究对象

①Fink E J, Gantz W. A content analysis of three mass communication research traditions: Social science, interpretive studies, and critical analysis[J]. Journalism & Mass Communication Quarterly, 1996, 73(1): 114 – 134.

②Fink E J, Gantz W. A content analysis of three mass communication research traditions: Social science, interpretive studies, and critical analysis[J]. Journalism & Mass Communication Quarterly, 1996, 73(1): 114 – 134.

③Ding Y, Song M, Han J, et al. Entitymetrics: measuring the impact of entities[J]. PLoS One, 2013, 8(8): e71416.

④Kim S T, Weaver D. Communication research about the Internet: A thematic meta – analysis[J]. new media & society, 2002, 4(4): 518 – 538.

⑤Booth W C, Colomb G G, Williams J M. The craft of research[M]. University of Chicago press, 2003.

⑥Kondo T, Nanba H, Takezawa T, et al. Technical trend analysis by analyzing research papers' titles[C]//Language and Technology Conference. Springer Berlin Heidelberg, 2009: 512 – 521.

⑦Gupta S, Manning C D. Analyzing the Dynamics of Research by Extracting Key Aspects of Scientific Papers[C]// IJCNLP. 2011: 1 – 9.

⑧Tsai C T, Kundu G, Roth D. Concept – based analysis of scientific literature[C]//Proceedings of the 22nd ACM international conference on Conference on information & knowledge management. ACM, 2013: 1733 – 1738.

⑨Dan S, Agarwal S, Singh M, et al. Which techniques does your application use?: An information extraction framework for scientific articles[J]. arXiv preprint arXiv:1608.06386, 2016.

和研究方法越来越受到重视,而且提出了相关切实可行的方法。

　　本书在主题层次上,将研究主题分为研究对象和研究方法两类主题。这种分类方式是将科学活动中的其他变量因素,上升归结为对象和方法两类,而忽略其他因素分析。具体操作方法上,本书借助专家知识人工对识别出的潜在主题进行类别划分。

5.3.3　学科 - 对象 - 方法主题网络构建

　　在识别出交叉学科集成数据集中的潜在主题之后,为每个主题确定学科和主题类型。由此,每个主题具有两个属性:所属学科和主题类型。在此基础上,本书定义学科 - 对象 - 方法主题网络,该网络是一种三模网络。采用网络表示方法,将该网络定义为 $G_{dsm} = \{V_d, V_s, V_m, E\}$。其中,网络节点共包含三种类型:$V_d$ 为学科节点,V_s 为研究对象主题节点,V_m 为研究方法主题节点。在边集合 E 中,学科与研究主题之间建立连边,学科之间不能构建连边,不同类型的研究主题可以建立连边。

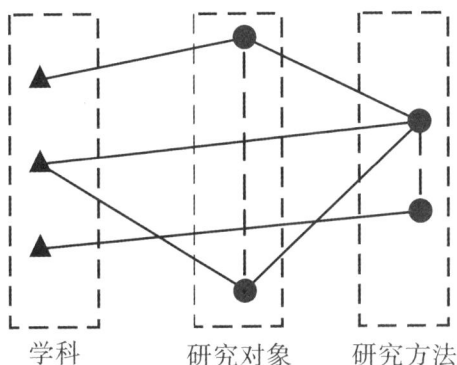

图 5 - 2　学科 - 对象 - 方法主题网络

　　图 5 - 2 展示了学科 - 对象 - 方法主题网络的一个示例。在该示例网络中,共包含 3 种类型的节点,分别是学科、研究对象、研究方法,其中研究对象与研究方法属于主题节点。每一个主题节点均具有一个学科属性,在构建学科 - 对象 - 方法主题网络时,将主题节点与学科属性节点相连。因此,研究对象和研究方法的每一个节点仅且只能与一个学科节点相连。研究对象和研究方法节点之间则可以相互连接,如图中两个研究对象之间,两个研究方法之间,以及研究对象与研究方法之间均能相互连接。研究对象与研究方法的连边是基于主题在学科中共现而得到。在后文的分析中,我们也将排除同一类型主题之间的共现关系,而关注不同类型主题之间的关系,以发现不同类型主题之间的组合模式。

　　由此可以得出,学科 - 对象 - 方法主题网络是在交叉学科主题共现网络上的一种扩展网络。主要扩展在于:一是引入主题的学科属性,将学科作为一种网络节点类型,通过主题的学科属性值建立主题节点与学科节点之间的关系;二是区分不同类型的主题,将主题分为研究对象和研究方法。这种扩展有助于寻找不同学科间知识的组合结构,同时可以分析研究对象与研究方法之间的组合结构,是对交叉学科知识组合结构的进一步分析,有利于观察并总结得到交叉学科中跨学科知识组合模式。如图5-3所示。

主题共现网络　　　　　　　学科—对象—方法主题网络

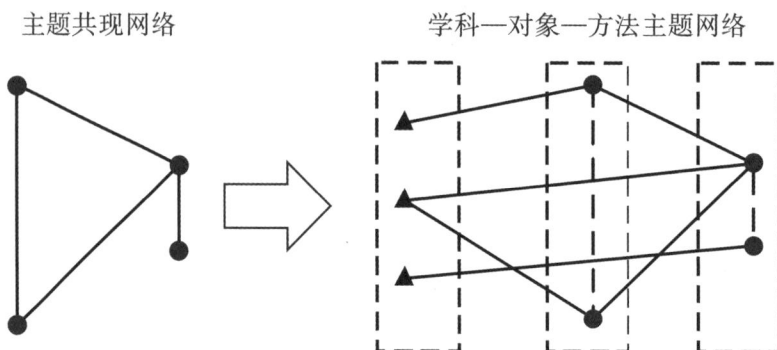

图5-3　主题共现网络与学科-对象-方法主题网络之间的转换

5.4 交叉学科多模主题网络分析

学科-对象-方法主题网络是一种多模网络,包含三种不同的网络节点类型,分别是学科、研究对象和研究方法,其中研究对象和研究方法是两种类型的主题。在此基础上,可以利用多模网络挖掘算法对该网络进行分析,揭示出交叉学科跨学科知识组合模式。这里,我们主要关注两种跨学科合作模式:一是主题类型组合模式,运用图论中节点和边的权重计算算法,量化分析研究对象和研究方法主题之间的组合模式,揭示研究对象与研究方法间知识组合规律;二是学科组合模式,以论文和主题等为统计单元,汇集在学科共现关系上,量化多模主题网络中学科间组合关系。本节主要阐述识别以上两种知识组合模式的方法。

5.4.1 研究对象与研究方法组合模式识别

在整个科学研究要素中,研究对象和研究方法是两个最为重要的要素。采用某种研究方法来解决关于研究对象的具体科学问题,是科学研究活动的基本出发点和目标。在跨学科研究中,科学研究方法的移植使用是实现跨学科研究的一种重要手段①②。在交叉学科中,研究对象与研究方法之间的知识组合模式是交叉学科研究的重要知识组合结构。从具体的组合模式来看,两者之间的知识组合模式包括频繁组合关系识别以及知识组合能力评价两方面。

①徐飞. 论科学方法的跨学科运用[J]. 科学技术与辩证法, 1996, 13(6): 24-29.
②李春景, 刘仲林. 跨学科研究规律的实证分析[J]. 科学技术与辩证法, 2004, 21(2): 75-78.

5.4.1.1 频繁组合模式识别

在基于主题共现的知识组合关系结构中,频繁共现的研究主题之间存在着内在的知识需求。在第 4 章中,本书阐述了这种内在知识需求之间的内在机理,同时将知识主题之间的频繁共现关系与知识发现中的关联规则算法进行了比较。在本节中,将研究主题进一步分为研究对象和研究方法,基于此可以进一步分析共现关系,重点关注研究方法和研究对象之间的共现关系。

频繁共现的研究方法和研究对象之间反映了科学研究过程中较多学者均利用该研究方法解决关于这一研究对象的相关科学问题。在某种程度上说,这种研究方法是解决这类问题的主要的,且较为可行的研究方案。在学科 – 对象 – 方法主题网络中,研究方法和研究对象之间的关系反映为研究方法节点和研究对象节点之间的连边。因此,通过对学科 – 对象 – 方法主题网络进行分析,可以量化研究方法和研究对象之间的关系,识别出频繁共现的研究方法与研究对象,反映出两者的频繁知识组合模式。

与主题共现网络中频繁共现主题识别类似,本书采用排序的思路,使用加权网络中边权重指标来衡量频繁共现的研究方法与研究对象。具体的指标为:

$$f_{ij} = \frac{w_{ij}}{w}$$

其中,w_{ij} 为研究方法主题 i 和研究对象主题 j 所形成的边的权重,w 为整个网络中所有边的权重之和。需要注意的是,这里仅考虑对象 – 方法二模网络,而去除学科节点及相关连边,且不考虑同一类型主题之间的连边。

5.4.1.2 知识组合能力指标

在交叉学科科学研究过程中,存在着如下现象:为解决某个研究对象中的各种科学问题,科研人员可能探索并比较不同的研究方法;同时,同一种研究方法可能被应用在不同的研究对象中解决相关科学问题。从科学知识组合结构来分析,这些现象反映了研究对象和研究方法的不同知识组合能力。例如,某个研究对象可以采用多种研究方法开展研究,表明这种研究对象能与多种研究方法相关的知识进行组合。知识组合能力越强的研究对象主题或者研究方法主题,在整个交叉学科研究中重要性越大。这些知识组合能力强的研究主题,可能来自基础学科,也可能是交叉学科本身萌发的研究主题。

为衡量交叉学科研究中不同主题的知识组合能力,本书采用对象 – 方法二模网络中节点的中心性指标来进行测度。分别针对研究对象节点和研究方法节点,采用加权中心度指标来测量其知识组合能力 C_{wd}:

$$C_{wd}(i) = \sum_{v_j \in \Gamma_i} w_{ij}$$

其中,Γ_i 表示节点 v_i 的邻近节点集合,w_{ij} 是节点 v_i 与邻近节点 v_j 之间边 e_{ij} 的权重。在对象—方法二模网络中,节点 v_i 与邻近节点 v_j 属于不同类型的网络节点。

5.4.2 学科组合模式识别

交叉学科的突出特色是学科之间的知识融合。从研究结果角度来看,科学研究成果也反映了学科之间的知识组合关系。从研究主题层次进行观察,交叉学科中的跨学科合作事实上是不同学科中研究主题之间的合作。因此,反过来可以通过研究结果文献中的主题之间的关系,观察得到不同学科之间的知识组合关系。这一过程可以通过图 5-4 进行展示,研究主题 1 和研究主题 2 分别来自学科 1 和学科 2,两者在研究文献中进行知识组合。由此学科 1 和学科 2 即在该研究文献中发生跨学科知识组合。

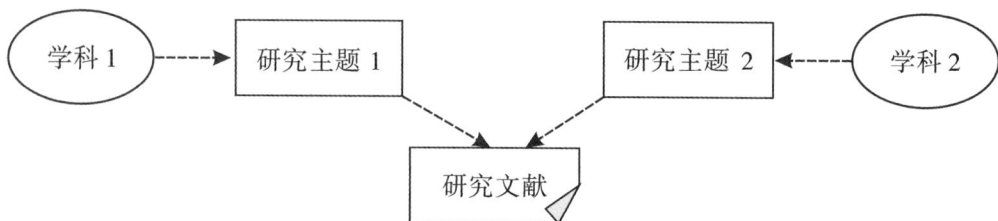

图 5-4　主题层次跨学科知识组合浮现模式

不同学科之间的知识组合,可能是发生在研究对象和研究方法之间,也可能是发生在研究对象或者研究方法内部。因此,这里构建学科－对象－方法主题网络时,同时考虑同一类型主题之间的主题共现,即构建一个完整的学科－对象－方法主题网络。在此基础上,通过研究主题测量学科之间的知识组合模式。本书将从两个层次分析学科之间的知识组合模式,一是识别学科组合关系,二是通过观察对象与方法、方法与对象的主题层次组合,细化分析学科之间的知识组合关系。

学科组合模式可以通过学科之间的组合强度进行衡量。本书在学科－对象－方法主题网络最短路径基础之上,量化学科组合强度,具体公式采用:

$$S_{ij} = \#(shortest-path(v_i, v_j))$$

其中 v_i, v_j 是两个不同的学科节点,而 $shortest-path(v_i, v_j)$ 表示两个节点之间的最短路径。由于同一个主题有且仅属于一个学科,且学科之间不能直接相连,因此,两个学科的最短路径为 3。例如,图 5-4 中所示的两个学科之间的最短路径可以如图 5-5 所示,其中学科与研究主题之间路径为 1,两个研究主题的共现关系的路径为 1,故两个学科的最短路径为 3。两个学科之间的学科组合强度越强,表明两者在交叉学科知识创新过程中的知识需求关系越密切。

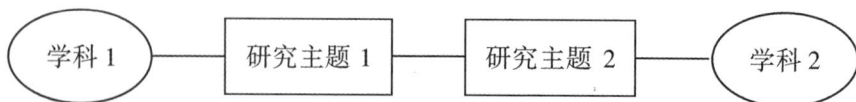

图 5-5　学科间最短路径

从主题类型角度来看,学科知识之间的组合可以分为四个类别,包括研究对象与研究对象、研究方法与研究方法、研究对象与研究方法以及研究方法与研究对象。这四个类别之间的差异主要反映在研究主题 1 和研究主题 2(图 5 - 5)的主题类型之上。本书亦将分别统计两个学科之间这四类组合关系的组合强度。

5.5 实证研究

本书以数字图书馆学科为例,展开跨学科知识组合模式识别研究。在前两章识别数字图书馆学科主题以及构建主题共现网络的基础上,本章进一步确定数字图书馆学科研究主题的学科和主题类型属性,构建数字图书馆学科的学科 – 对象 – 方法主题网络。针对该网络进行分析,识别研究对象与研究方法知识组合模式和学科间知识组合模式。

5.5.1 主题的学科和类型属性划分

在确定数字图书馆中出现的各个主题的所属学科时,本书考察主题在各个学科中的文献数量分布,选择拥有最多文献的学科作为该主题所属学科。例如,图 5 - 6 列出了主题 11"查询对象"论文的学科分布。其中,信息系统学科拥有 159 篇关于"查询对象"这一主题的文献,数字图书馆学科有 40 篇,图书馆学有 33 篇,信息科学拥有 9 篇。针对"查询对象"这一主题,信息科学学科拥有最多的研究文献。因此,最终将查询对象的所属学科确定为信息系统。根据这一方法,为 220 个主题确定了所属学科,结果参见表 5 - 1。

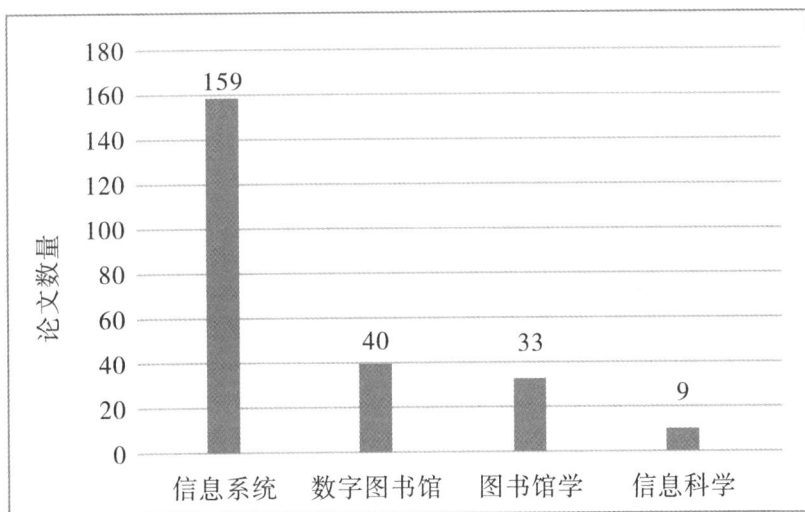

图 5 - 6　主题 11"查询对象"论文的学科分布

表 5-1　220 个研究主题的所属学科和主题类型

主题	所属学科	主题类型	主题	所属学科	主题类型
0 角色分析	图书馆学	研究对象	24 系统架构和整合	信息系统	研究对象
1 技术环境	图书馆学	研究对象	25 空间	图书馆学	研究对象
2 农业	信息系统	研究对象	26 管理问题	图书馆学	研究对象
3 业务流程	信息系统	研究对象	27 虚拟现实	图书馆学	研究对象
4 数量与序列	图书馆学	研究方法	28 信息系统的成败	信息系统	研究对象
5 政府机构	图书馆学	研究对象	29 方法与目标	图书馆学	研究方法
6 方法结果	图书馆学	研究方法	30 讨论(特殊性、因素)	图书馆学	研究方法
7 互联网访问	图书馆学	研究对象	31 社会信任、资本	图书馆学	研究对象
8 特征差异	信息系统	研究方法	32 移动情景	信息系统	研究对象
9 功能	图书馆学	研究对象	33 文献传递	图书馆学	研究对象
10 软件开发	信息系统	研究对象	34 教育与培训	图书馆学	研究对象
11 查询对象	信息系统	研究对象	35 单个、原子	信息科学	研究方法
12 分布式系统	信息系统	研究对象	36 电子书	图书馆学	研究对象
13 因素及其关联	图书馆学	研究方法	37 集合研究	信息系统	研究方法
14 案例分析	图书馆学	研究方法	38 系统安全性	信息系统	研究对象
15 范围/互联网	图书馆学	研究对象	39 文件、网页	图书馆学	研究对象
16 学科文献、信息	信息科学	研究对象	40 市场预测	图书馆学	研究对象
17 远程应用	信息系统	研究对象	41 教员职员	图书馆学	研究对象
18 质量提升	图书馆学	研究对象	42 系统设计	信息系统	研究对象
19 信息与维度	图书馆学	研究对象	43 员工/满意度	图书馆学	研究对象
20 时序、趋势	图书馆学	研究方法	44 序列	图书馆学	研究对象
21 馆藏采购	图书馆学	研究对象	45 用户	图书馆学	研究对象
22 级别	图书馆学	研究方法	46 医学信息	信息系统	研究对象
23 信息流	信息科学	研究对象	47 开放获取	图书馆学	研究对象

主题	所属学科	主题类型	主题	所属学科	主题类型
48 研究、探索	图书馆学	研究方法	71 问卷调查	图书馆学	研究方法
49 理论（认知和实践等）	信息科学	研究对象	72 馆藏获取（包括馆际）	图书馆学	研究对象
50 题录	图书馆学	研究对象	73 机构活动	图书馆学	研究对象
51 定性与定量分析	图书馆学	研究方法	74 问题解决	信息系统	研究方法
52 知识（库）	图书馆学	研究对象	75 结果呈现	图书馆学	研究方法
53 分类	图书馆学	研究方法	76 产品	信息系统	研究对象
54 现状与趋势	图书馆学	研究方法	77 定义条款	图书馆学	研究方法
55 帮助作用	图书馆学	研究方法	78 信息搜寻行为	图书馆学	研究对象
56 数量方法	图书馆学	研究方法	79 信息系统	信息系统	研究对象
57 健康领域	图书馆学	研究对象	80 用户描述	图书馆学	研究对象
58 科学研究	图书馆学	研究对象	81 跨语言	图书馆学	研究对象
59 服务器设施	信息系统	研究对象	82 多媒体馆藏	图书馆学	研究对象
60 中国（发展、建设相关）	图书馆学	研究对象	83 文献综述	图书馆学	研究方法
61 研究方法	信息系统	研究对象	84 图书馆读者	图书馆学	研究对象
62 新旧对比	图书馆学	研究方法	85 案例分析	图书馆学	研究方法
63 研究、考察	图书馆学	研究方法	86 重要性	图书馆学	研究方法
64 策略	图书馆学	研究对象	87 学术搜索引擎	图书馆学	研究对象
65 效果（有用性）检验	图书馆学	研究方法	88 机会与帮助	图书馆学	研究方法
66 数字馆藏	数字图书馆	研究对象	89 病历	信息系统	研究对象
67 专家验证与建议（专家系统）	图书馆学	研究对象	90 系统实时性	信息系统	研究对象
68 组织	图书馆学	研究对象	91 作者（论文发表）	图书馆学	研究对象
69 资源（可利用性）	图书馆学	研究对象	92 自动化技术	信息系统	研究对象
70 相似信息	信息系统	研究方法	93 连接与馆藏	图书馆学	研究对象

主题	所属学科	主题类型	主题	所属学科	主题类型
94 过程与机制	信息科学	研究方法	117 大规模	图书馆学	研究对象
95 美国	图书馆学	研究对象	118 交流	图书馆学	研究对象
96 知识产权	图书馆学	研究对象	119 结果启示	图书馆学	研究方法
97 谱分析	信息科学	研究方法	120 任务与工作流	图书馆学	研究对象
98 计算能力、硬件等	图书馆学	研究对象	121 馆藏保存	图书馆学	研究对象
99 区域账户	图书馆学	研究对象	122 文献引用	图书馆学	研究对象
100 现状结论	图书馆学	研究方法	123 评价评估	图书馆学	研究方法
101 实例观察	图书馆学	研究方法	124 图书馆指导	图书馆学	研究对象
102 数据仓库与数据挖掘	信息系统	研究对象	125 面谈、访谈	图书馆学	研究方法
103 模糊理论	信息系统	研究方法	126 风格变化	图书馆学	研究方法
104 图书馆培训	图书馆学	研究对象	127 结构、要素	信息系统	研究对象
105 地理位置	信息系统	研究对象	128（开发辅助）工具	图书馆学	研究方法
106 动态与不确定性	信息系统	研究方法	129 公共图书馆	图书馆学	研究对象
107 规划与策略	图书馆学	研究方法	130 学术机构	图书馆学	研究对象
108 信息环境	图书馆学	研究对象	131 代价与效果分析	图书馆学	研究方法
109 大学课程	图书馆学	研究对象	132 错误监测、隐私保护	信息系统	研究对象
110 合作与分享	图书馆学	研究对象	133 主体	图书馆学	研究对象
111 属性与集合	信息系统	研究方法	134 列表与排序	图书馆学	研究方法
112 图书馆困境	图书馆学	研究对象	135 准确性评估与分析	信息系统	研究方法
113 转换	图书馆学	研究对象	136 观点视角	图书馆学	研究方法
114 技术管理	图书馆学	研究对象	137 聚类种类	信息系统	研究方法
115 感知与接受	信息系统	研究对象	138 技术采纳	图书馆学	研究对象
116 历史性分析	图书馆学	研究方法	139 观察等方法	信息科学	研究方法

主题	所属学科	主题类型	主题	所属学科	主题类型
140 图书馆会议	图书馆学	研究对象	163 图书馆员	图书馆学	研究对象
141 持续性研究	图书馆学	研究对象	164 文本检索	图书馆学	研究对象
142 信息查询	图书馆学	研究对象	165 对比分析图书馆学研究方法		
143 不同洲的模式与会议	图书馆学	研究对象	166 生物医学信息	图书馆学	研究对象
144 城乡交通	信息系统	研究对象	167 框架与应用等	信息系统	研究对象
145 信息方面与信息协议	信息系统	研究对象	168 公共图书馆(偏加拿大)	图书馆学	研究对象
146 特征分析	图书馆学	研究方法	169 网站内容与版权	图书馆学	研究对象
147 上下文分析	图书馆学	研究方法	170 多样性研究	图书馆学	研究对象
148 数值关系	图书馆学	研究方法	171 源特征与对比分析	图书馆学	研究方法
149 统计应用	图书馆学	研究方法	172 Elsevier 版权	信息系统	研究对象
150 标准	图书馆学	研究对象	173 机构相关	信息系统	研究对象
151 支持与需求	信息系统	研究方法	174 冲突与挑战分析	图书馆学	研究对象
152 讨论问题	图书馆学	研究方法	175 项目相关	图书馆学	研究对象
153 工作实践	图书馆学	研究对象	176 电子出版物	图书馆学	研究对象
154 互联网工具、链接等	图书馆学	研究对象	177 关键性与潜力分析	图书馆学	研究对象
155 领域分析	信息科学	研究方法	178 科学家与科技信息	信息科学	研究对象
156 系统集成	信息系统	研究对象	179 图书馆门户	图书馆学	研究对象
157 发展与开发	信息系统	研究方法	180 专业性与能力	图书馆学	研究对象
158 群组相关	图书馆学	研究对象	181 控制系统	信息系统	研究对象
159 图书馆中的身份问题	图书馆学	研究对象	182 美国图书馆组织	图书馆学	研究对象
160 语义网与本体	信息系统	研究对象	183 状态推理等	信息系统	研究方法
161 选择与推荐	图书馆学	研究对象	184 教育与素养	图书馆学	研究对象
162 期刊相关研究	图书馆学	研究对象	185 印度图书馆相关	图书馆学	研究对象

主题	所属学科	主题类型	主题	所属学科	主题类型
186 评估分析	图书馆学	研究方法	203 速率分析	图书馆学	研究方法
187 交互性分析	图书馆学	研究对象	204 产业研究	信息系统	研究对象
188 图书馆服务	图书馆学	研究对象	205 算法研究	信息系统	研究方法
189 政策问题	图书馆学	研究对象	206 普适性分析	信息科学	研究方法
190 高校图书馆	图书馆学	研究对象	207 参考咨询	图书馆学	研究对象
191 开放获取与开源软件	信息系统	研究对象	208 概念框架	信息科学	研究对象
192 网络相关	图书馆学	研究对象	209 档案相关	图书馆学	研究对象
193 评估标准与方法	图书馆学	研究方法	210 研究模型	信息系统	研究对象
194 文化遗产	图书馆学	研究对象	211 领域和方法	信息系统	研究方法
195 元数据	数字图书馆	研究对象	212 问答系统	图书馆学	研究对象
196 模式分析	信息科学	研究方法	213 学习与教育	图书馆学	研究对象
197 国家图书馆	图书馆学	研究对象	214 英国相关	图书馆学	研究对象
198 数据模型	信息系统	研究方法	215 系统复杂性、仿真系统等	信息系统	研究对象
199 相关性分析	信息科学	研究方法	216 决策支持系统	信息系统	研究对象
200 h 指数相关	图书馆学	研究对象	217 不同国家的图书馆发展状况	图书馆学	研究对象
201 数据库相关	图书馆学	研究对象	218 用户界面	信息系统	研究对象
202 不同阶段的人	图书馆学	研究对象	219 可视化图谱	信息系统	研究对象

经统计得到这 220 个学科的所属学科分布,参见图 5-7。其中,归属于数字图书馆学科的主题共 2 个,信息科学共 13 个主题,信息系统共 54 个主题,图书馆学共 151 个主题。初步看来数字图书馆学科的源生主题较少,大多数主题并不是数字图书馆学科的主要主题。这种现象事实上也较为合理,因为数字图书馆学科是一个交叉学科,其中的主题多是由其他学科知识迁移而来。例如,这 220 个主题中,151 个主题来自图书馆学,这一数据恰恰合乎人们对于数字图书馆学的认识——与数字图书馆这一交叉学科最为密切的即是图书馆学,可以认为数字图书馆是图书馆学在数字时代产生的新兴研究领域。同时,有 54 个主题来自信息系统,这是由于数字图书馆研究中涉及大量信息系统知

识,信息系统研究中的信息技术成果为数字图书馆研究所借鉴。相对而言,信息科学与
数字图书馆学科的联系则会更弱一些,仅 13 个主题归属于信息科学。进一步分析发现,
数字图书馆学科的源发性主题是主题 66 数字馆藏和 195 元数据。这两个主题在第 2 章
和第 3 章中已从各个方面揭示了它们在数字图书馆学科中的重要性。

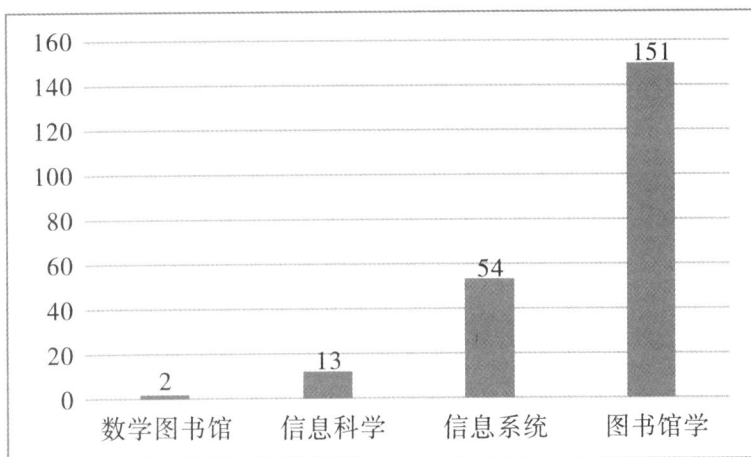

图 5 - 7　220 个主题的所属学科分布

从主题内容来看,数字图书馆学科的研究主题可以分为研究对象和研究方法两类。
本书采用人工分析识别的方法确定数字图书馆文献中主题的类型,共得到 151 个研究对
象类主题和 69 个研究方法类主题。每个主题的具体类别参见表 5 - 1。在人工分析过程
中,部分研究主题在数字图书馆以外的其他学科可能属于研究对象类型,而针对数字图
书馆学科而言,可以将其归为研究方法类型。例如主题 103"模糊理论",在信息系统学科
中可能是一种研究对象,是关于模糊集合的基本概念或连续隶属度函数相关的理论。而
这一主题在数字图书学科中,相关研究主要是应用这一理论对数字图书馆学科中有关研
究对象进行研究,因此,在数字图书馆学科中可以视其为研究方法。本书将这种在其他
学科中的研究对象在数字图书馆中作为一种应用方法的主题均归类为研究方法类型。

5.5.2 数字图书馆的学科 - 对象 - 方法主题网络

在识别主题的学科和类型属性后,基于数字图书馆学科文献中
的主题共现信息,构建数字图书馆学科的学科 - 对象 - 方法主题网
络。在实证分析过程中,本书将关注不同类型主题之间的主题共
现,以此发现不同主题类型之间的知识组合模式和学科间知识组合
模式,因此而忽略同一类型主题之间的共现关系。根据这一思路,
得到数字图书馆学科 - 对象 - 方法主题网络,如图 5 - 8 所示。在
该图中,较大的几个节点为学科节点,分别是图书馆学科、信息系统
学科、信息科学学科和数字图书馆学科。从该图中可知,图书馆学

图 5 - 8　数字图书
馆的学科 - 对象 - 方
法主题网络

科有最多的主题相连,其次是信息系统学科和信息科学学科,而数字图书馆学科本身最少。这一现象本身与图5-7保持一致,即每个主题拥有一个学科属性。

表5-2中列出了数字图书馆的学科-对象-方法主题网络的基本指标。该网络中共包括224个节点,由220个主题和4个学科组成;共898条边,其中220条边为主题与学科之间的边,678条为研究方法主题与研究对象主题之间的连边。该网络直径为5,密度为0.036,聚集系数为0.245,整体来看,该网络的连接密度较大,且直径较小,可以理解为一种小世界网络。由此亦说明,在整个数字图书馆学科中,不同学科之间具有一定的直接或者间接知识组合关系。

表5-2　数字图书馆的学科-对象-方法主题网络基本指标

节点	边	网络直径	密度	聚集系数
224	898	5	0.036	0.245

5.5.3 研究对象与研究方法知识组合模式分析

在交叉学科主题共现网络中,若将主题节点分为不同类型的研究主题,可以得到不同类型研究主题之间的共现关系。图5-9统计出了数字图书馆学科中不同类型研究主题之间的共现频次。由该图可知,研究对象与研究对象主题之间共现组合频次最高,共984次,而研究方法与研究方法之间共现组合次数最低,总共126次。研究对象与研究对象之间的共现,是指科研研究活动所涉及的问题是两个研究对象的交叉问题。例如主题66数字馆藏与主题81跨语言均属于研究对象,两者共同在7篇研究文献中出现,这些研究文献所研究的科学问题是数字馆藏中的跨语言问题,从语义内容来看,属于两个研究主题的结合地带,同时也是两者的细分领域。类似地,研究方法之间的结合则是同时采用两个研究方法解决相关科学问题。从统计上来看,同时采用两个研究方法的文献相对较少。

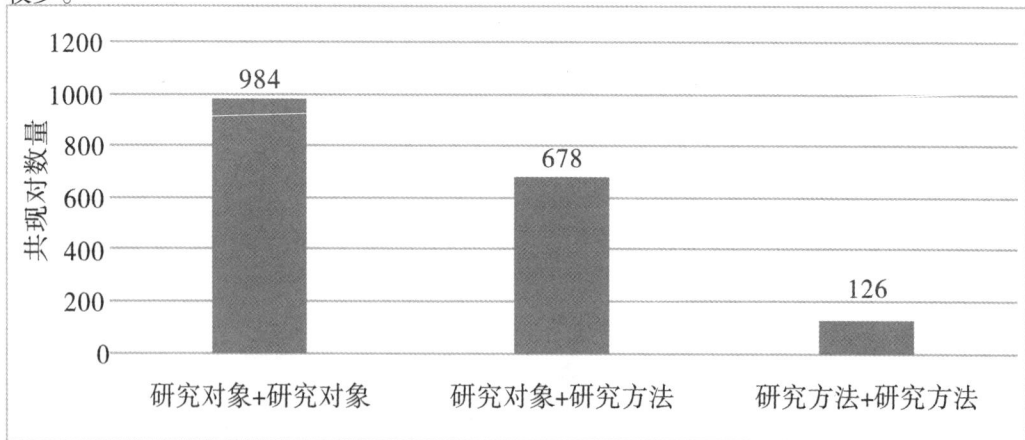

图5-9　数字图书馆学科不同类型研究主题之间的共现对统计

　　本书将重点关注在研究主题与研究方法之间的结合上,这类研究采用某一学科中的研究方法解决具体的研究对象中的科学问题,是跨学科研究中较为重要的知识组合模式。从图 5 - 9 中可以看出,两者的组合频次也较高,共有 678 对研究对象与研究方法的知识组合,涉及的文献共有 863 篇。图 5 - 10 列出了数字图书馆学科中研究对象与研究方法的组合频率分布,其中横轴表示一对研究对象与研究方法共现次数(文献数量),纵轴是拥有该共现次数的研究对象与研究方法对的数量。从该图可知,大多数研究对象与研究方法的组合仅在一篇文章中出现,少数组合出现在多篇文章中。这些出现在多篇文章中的研究对象与研究方法的组合即频繁组合模式。

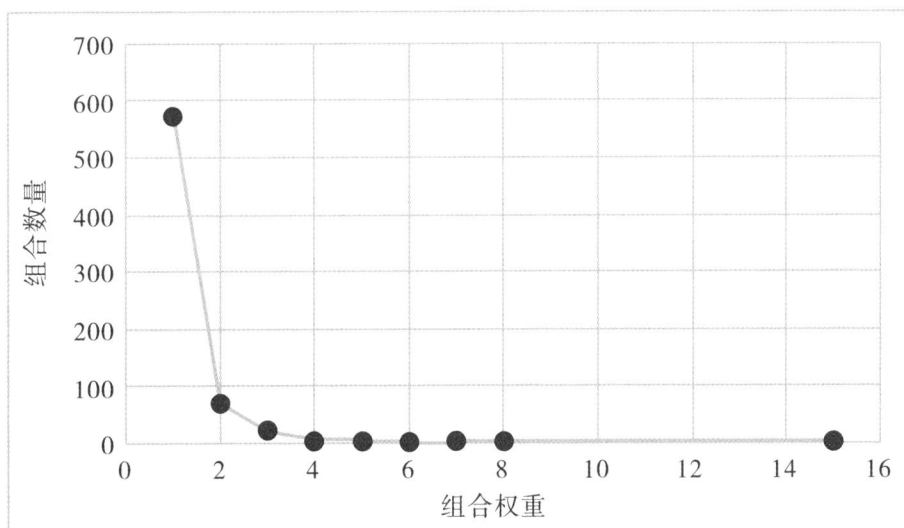

图 5 - 10　研究对象与研究方法的组合频率分布

　　表 5 - 3 中列出了数字图书馆学科中共现次数大于 3 的研究对象与研究方法频繁组合模式。其中数字馆藏和方法与目标主题共现了 15 次,和评估标准与方法共现了 8 次,这表明数字馆藏中的方法研究、评估研究较多。元数据与算法研究共现了 8 次,表明数字图书馆学科中元数据的算法应用研究也较多。从研究对象来看,主要的研究对象包括数字馆藏、元数据、病历、感知与接受、交互性分析等等。从研究方法来看,包括一些较为通用的方法,例如方法与目标、评估标准与方法、结果启示、文献综述等,同时也有一些较为具体的方法,例如因素及其关联、算法研究等。

表5-3 数字图书馆学科中研究对象与研究方法频繁组合模式

主题编号	主题	主题类型	主题编号	主题	主题类型	共现次数
66	数字馆藏	研究对象	29	方法与目标	研究方法	15
66	数字馆藏	研究对象	193	评估标准与方法	研究方法	8
195	元数据	研究对象	205	算法研究	研究方法	8
66	数字馆藏	研究对象	119	结果启示	研究方法	7
89	病历	研究对象	83	文献综述	研究方法	7
115	感知与接受	研究对象	13	因素及其关联	研究方法	6
66	数字馆藏	研究对象	13	因素及其关联	研究方法	5
187	交互性分析	研究对象	83	文献综述	研究方法	5
59	服务器设施	研究对象	205	算法研究	研究方法	5
11	查询对象	研究对象	205	算法研究	研究方法	4
187	交互性分析	研究对象	22	级别	研究方法	4
159	图书馆中的身份问题	研究对象	119	结果启示	研究方法	4
164	文本检索	研究对象	205	算法研究	研究方法	4
187	交互性分析	研究对象	51	定性与定量分析	研究方法	4

进一步,可以在对象-方法二模网络中分别评估研究对象和研究方法的知识组合能力。表5-4列出了数字图书馆学科中知识组合能力前10的研究对象和研究方法。从组合不同研究方法的能力来看,数字馆藏、病历、开放获取与开源软件、元数据、自动化技术等研究对象较能吸引不同的研究方法。从这一排序来看,数字馆藏研究主题依然是数字图书馆学科中较为重要的主题,能够吸引较多不同的研究方法。相比而言,元数据仍然重要,但是在知识组合能力方面较数字馆藏主题差了一些。从应用于不同研究对象的能力来看,方法与目标、结果启示、算法研究、评估标准与方法等能够应用于多个研究对象的研究之中。若考虑到研究方法的通用性,可以去掉方法与目标、结果启示,那么算法研究、评估标准与方法、分类、聚类种类等研究是数字图书馆学科中的主要方法。进一步分析发现,这些方法较多与数据挖掘研究相关,由此可以发现数字图书馆学科中的数据挖掘研究占据了较为重要的地位,是数字图书馆学科研究中的主流研究方法。

表 5 - 4　数字图书馆学科中知识组合能力前 10 的研究对象和研究方法

研究对象		研究方法	
主题	知识组合能力 C_{wd}	主题	知识组合能力 C_{wd}
数字馆藏	39	方法与目标	54
病历	19	结果启示	41
开放获取与开源软件	19	算法研究	23
元数据	17	评估标准与方法	22
自动化技术	16	分类	20
信息查询	16	聚类种类	20
文献引用	15	文献综述	18
用户界面	13	支持与需求	16
可视化图谱	13	特征差异	15
大学课程	12	评价评估	15

5.5.4 学科知识组合模式分析

在观察数字图书馆学科中学科知识组合模式时,我们从完整的学科 - 对象 - 方法主题网络出发,通过计算学科之间的最短路径条数,计算学科之间的组合强度。图 5 - 11 列出了数字图书馆学科中学科之间的知识组合强度结果。该结果中亦包含同一学科中的不同主题之间的知识组合关系,其中信息科学内部组合强度为 7,信息系统内部组合为 259,图书馆学内部组合为 842,而数字图书馆学科内部组合强度为 8。学科内部的知识组合强度与学科中的主题数量存在一定的关系。由图 5 - 7 可知,图书馆学和信息系统拥有最多的主题数量,而图 5 - 11 结果表明两者内部知识组合强度也较强。由此表明,在数字图书馆学科研究中,亦存在着大量的其他学科内部的知识组合,包括如图书馆学内部、信息系统学科内部的研究。

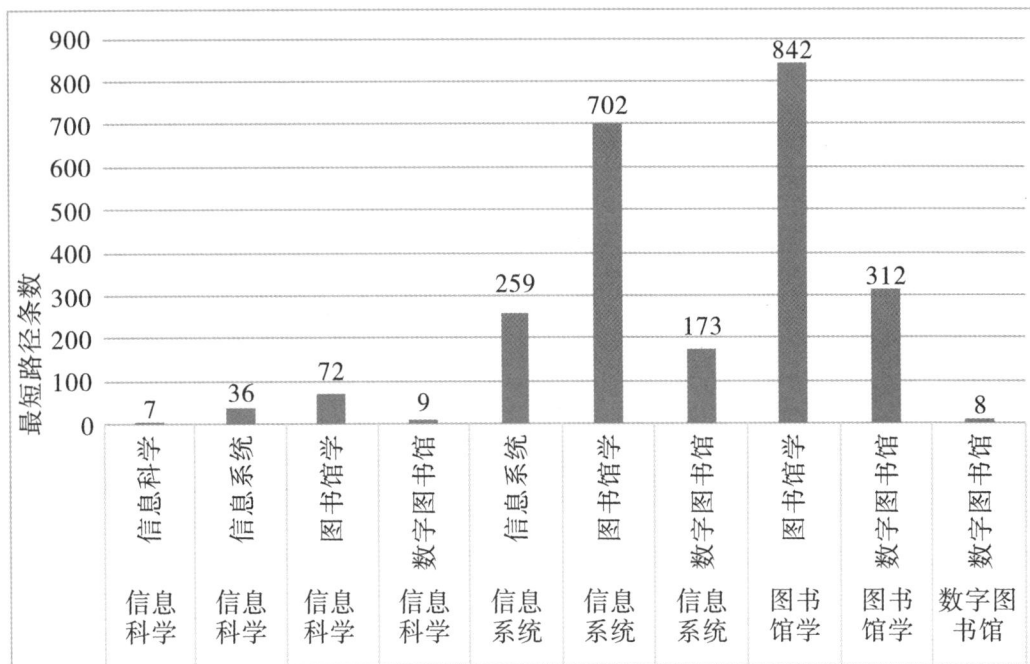

图 5 - 11　数字图书馆学科中学科之间的组合强度

不同学科之间的知识组合强度可以揭示出数字图书馆研究过程中不同学科之间知识的相互作用,从而分析出数字图书馆学科的跨学科合作研究。我们将图 5 - 11 中不同学科之间的知识组合关系转化为跨学科知识组合网络结构,如图 5 - 12 所示。由该图可知,数字图书馆学科中不同学科之间知识组合关系最为密切的是图书馆学与信息系统学科之间的知识组合,其组合强度达到 702。这一结果与对数字图书馆学科的传统认识较为一致,从数据结果的角度印证了数字图书馆学科是图书馆学与信息系统学科等基础学科的跨学科交叉研究的结果。

另一方面,数字图书馆本身的两个主题是数字馆藏和元数据。尽管只包含这两个主题,但是从学科之间的组合关系来看,数字图书馆学科中这两个主题与图书馆学、信息系统学科的知识组合也较强,达到了 312 和 173。由此表明,图书馆学学科和信息系统学科与数字图书馆学科中源生性主题之间亦存在着较强的知识组合关系。综合来看,图书馆学与信息系统学科在数字图书馆学科研究中起到重要的知识输出作用,是跨学科知识组合中的主力。

另外,信息科学学科与图书馆学、信息系统以及数字图书馆学科的知识组合强度则相对较小,分别为 72、36 和 9。由此看来,信息科学学科在数字图书馆交叉学科研究中起到的作用相对于图书馆学和信息系统学科而言更为弱小一些。这一结果合乎近年来的研究趋势,信息科学中的一些原理和方法逐渐用在数字图书馆研究之中,比如文献计量分析中的一些方法也开始被应用于数字资源馆藏组织和利用研究中。信息科学学科的一些研究成果将越来越多地引入到数字图书馆学科科学研究之中。

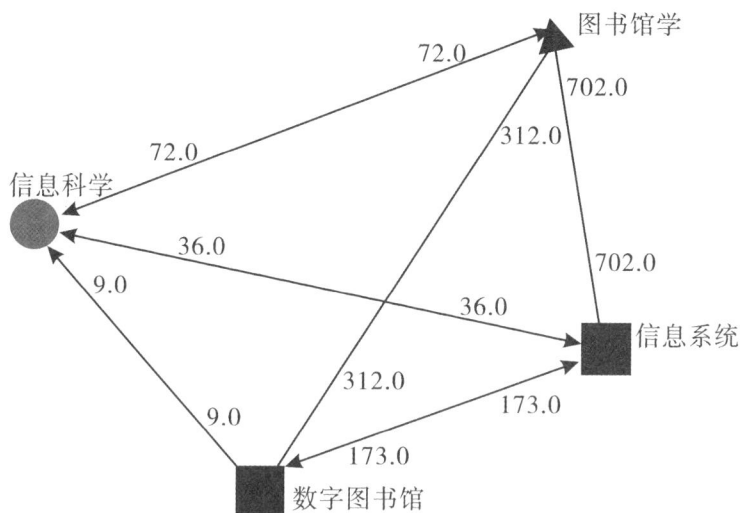

图 5 - 12　数字图书馆学科中跨学科知识组合关系图

5.6 本章小结

　　交叉学科中跨学科知识组合是交叉学科得以形成和发展的重要规律。本章研究从交叉学科知识组合关系中识别出跨学科知识组合模式。本章首先识别出主题的学科属性和类型属性,采用主题中文献数量确定每个主题的学科,借助专家分析方法确定每个主题的类型属性。在此基础上,本书在交叉学科主题共现关系基础上,引入主题属性和学科节点,从而构建学科－对象－方法主题网络模型。该模型是一种多模主题网络,能够揭示学科、研究主题之间的相互关系。以数字图书馆这一交叉学科为例,对该学科的学科－对象－方法主题网络进行分析,识别其中的跨学科知识组合模式。文章主要进行了两方面分析:一是识别研究对象与研究方法的组合模式,包括频繁组合模式,例如数字馆藏主题和方法与目标主题等,同时,根据主题与其他主题发生知识组合的频率来衡量知识组合能力,发现了数字馆藏、病历、开放获取与开源软件等知识组合能力较强的主题;另一方面,从主题层次上升到学科层次,揭示了学科知识组合模式,发现图书馆学与信息系统学科在数字图书馆学科研究中起到重要的知识输出作用。这一发现与专家判断较为一致。

第6章

基于主题引用网络的交叉学科中跨学科知识传播研究

6.1 引言

交叉学科科学研究活动，随着知识创新过程中对于知识的需求、加工和利用，发生着科学知识流动。与信息类似，知识具有可复制性和易复制性。科学知识流动是指科学知识经由科学知识的拥有者通过一定的传播渠道流向科学知识的利用者的过程①。在这一过程中，科学知识的流动并不像水流一样从一个存储载体流向另一个存储载体后存量会变少，科学知识的存储载体一般是科学知识副本的存储载体，因此科学知识的流动不会导致知识存量的变化。相反，随着科学知识被科学知识利用者加工、渗透后，还能发生知识创新，产生新的知识。从学科层面来看，学科间知识流动是指不同学科之间的知识从一个学科传播、渗透到另一个学科的过程②。研究学科间知识流动关系，有利于帮助理解科学系统宏观层面的知识关系，从而揭示学科之间的内在关系，以理解整个科学研究活动之间的内在关联和运行机制。

科学知识流动是一个潜在过程，它存在于科学研究活动的日常细节之中。尽管科学知识流动不像水流、空气流动一样能够直接观察和感受到，但是人们仍然可以在科学研究活动中感知到科学知识流动的存在。从知识传播的渠道来看，科学知识传播的主要途径是正式学术交流和非正式学术交流③。正式学术交流是指科学研究人员通过在正规学术期刊中发表研究成果，与科学共同体进行学术思想交流。在正式学术交流环境中，科学知识通过学术期刊进行传播，学术期刊的读者成为科学知识的潜在利用者。当这些潜在利用者在他们的科学研究活动中借鉴从学术期刊中所接收到的科学知识并开展知识创新活动时，这些潜在利用者才转化为真正的知识利用者。然而并不是所有的知识利用活动都会回归到正式学术交流环境中，只有当这些知识创新活动产生创新知识成果时，才以新的科学知识反馈、回归到正式学术交流环境中，完成科学知识传播与再创新过程。

---

① 徐仕敏. 知识流动的效率与知识产权制度[J]. 情报杂志, 2001, 20(9): 9-10.

② 文庭孝, 陈书华, 王丙炎, 等. 不同学科视野下的知识计量研究[J]. 情报理论与实践, 2008, 31(5): 654-658.

③ 方卿. 论网络环境下非正式交流的复兴[J]. 情报理论与实践, 2002, 25(4): 258-261.

相较于正式学术交流而言,非正式学术交流方式多种多样。在科学研究组织内部(包括科研机构、学术团队),成员之间通过学术沟通、交流传播科学知识。这种人际科学知识传播过程中,还发生着隐性科学知识传播。在互联网环境下,特别是 Web2.0 和社交媒体的出现,科学知识传播的途径变得越来越多了,通过学术博客、微博等网络空间已成为学术知识分享和讨论的重要方式。目前,方兴未艾的替代计量学(Altmetrics①)通过观察学术成果在非学术期刊环境中的传播来衡量学术的影响力。由此可见,非正式传播环境已成为科学知识传播与应用的重要场所。

为了更加深入地研究学科间的科学知识传播,对科学知识流动进行量化测度变得十分重要。由于科学知识内容本身较难直接计量,目前较为普遍接受的方法是通过以文献单元为基本计量单元来对科学知识进行计量和测度②。这种学科知识流动测量的目的之一是通过定量反映、定性揭示学科之间的相关程度③。学科之间知识流动亦存在方向性,学科知识流动的量(也可以称为知识流量)可以划分为知识的流入量(即输入量)和知识的流出量(即输出量)两个部分。在交叉学科研究中,这种科学知识的流动更加普遍,而且从基础学科向交叉学科传播应当多于交叉学科向基础学科的传播。

根据科学知识传播途径来看,科学知识通过正式交流和非正式交流方式均可以产生科学知识流动。因此,全面客观来讲,通过以上两个方面来综合测量学科之间的科学知识传播,将更能准确地反映两个学科之间知识流动关系。在非正式交流中,科研合作是一种较为规范化的知识流动关系。这种关系背后是相应的科学研究活动过程中,来自于不同学科背景的跨学科团队成员之间产生知识交流的过程。通过研究文献中所反映出的来自于不同学科的研究人员的科研合作行为,能够在一定程度上反映学科间知识传播关系。由于科研合作是一种无方向性行为,因此从微观的科研合作发生较难看出科学知识传播的方向性。进一步结合科研人员的学科背景、所发表成果的学科背景等信息,可分析出科学知识传播的方向。

另一方面,在正式科学交流环境中,研究文献之间的引用关系是施引文献与被引文献建立知识联系的符号化表示。在现有的大多数研究中,将这种引用关系理解为知识的流动关系。由于文献引用的规范化以及计量的方便性和可操作性,文献引用常作为学科知识流动的计量依据。基于此,可以将学科流动的输入量和输出量,分别采用该学科中文献的引用量和被引量来间接表示。

本书亦将从正式科学交流环境中测量知识流动,而忽略非正式交流环境下的知识流动。所不同的是,本书将在交叉学科研究中,以主题为观察粒度,观察不同主题之间的科学知识流动关系。具体而言,首先构建主题之间的引用网络,在此基础上分析主题影响力,并观察科学知识在不同主题之间的知识传播过程。通过这些分析研究交叉学科中跨学科知识传播的过程和规律。

---

①Piwowar H. Altmetrics: Value all research products[J]. Nature, 2013, 493(7431): 159-159.

②文庭孝,陈书华,王丙炎,等. 不同学科视野下的知识计量研究[J]. 情报理论与实践, 2008, 31(5): 654-658.

③杜冰. 知识测量的层次问题[J]. 情报杂志, 1993, 12(2): 21-24.

6.2 交叉学科主题引用网络

科学文献的引用索引(citation indexing)最初是加菲尔德(E. Garfield)等提出,用于在图书资源管理过程中对科技文献进行索引,是传统图书情报学中书目索引的一种延伸①②。由于科技文献对于科学研究活动的反应以及成为一种学术交流的主要形式,引文信息在科学活动中的意义逐渐被深入挖掘。其中,引文信息作为一种学术交流过程中学术影响力的评价方式逐渐引起科学家们的注意③④。随着在汤森路透学术数据库中成功应用期刊评价指标(Journal Impact Factor,JIF),引文信息作为评价方式成为一种为现实科学世界所采用或借鉴的一种评价指标。其后,借助引文信息进行评价的对象从论文和期刊扩展到学者⑤、机构、国家等不同层次的评价对象上,用于反映这些评价对象在学术交流中的科学影响力。

科技文献的引用关系,是施引文献与被引文献之间的关系,是一种符号化的关系象征。通过文献间的引用关系,可以通过引用网络模型来对一个研究领域或者学科内科技研究文献建立模型。事实上,各种基于引文的学术评价指标(例如 JIF、H - index 等)均可以通过引用网络模型中基于节点和边的网络分析,转化为节点的某种网络指标。因而,近些年来,较多研究关注通过引用网络模型分析来揭示学术影响力以及揭示科学研究中的其他潜在运行规律。一方面,通过引用网络模型分析可以优化学术评价指标。例如,传统的学术评价指标一般利用的是直接引文信息,反映在引用网络模型中则是通过节点的邻近节点及边来计算节点的网络指标。这种方式的不足之处在于邻近节点本身的属性没有被考虑进来,因而需要从全局范围内来计算节点的影响力。PageRank 即是这样一种分析方法,它被用于引文网络中分析论文的全局学术影响力⑥。另一方面,一些研究尝试利用社会网络分析方法,超越节点层次从边、局部结构、全局结构等网络层次中去分析引用网络⑦。例如,在引文网络中考虑论文作者因素,通过作者共同被其他文献引用(即作者共被引)分析来衡量作者之间的相似性关系,从而识别出整个领域内的作者集群结构,以此反映学科中的研究领域。这种分析方法实际上是建立在引文网络基础上根据三元节点关系(1 个施引文献与 2 个被引文献)之间的局部结构基础上。

本研究亦在引文网络基础上,根据交叉学科中的主题结构,将分析粒度从微观的论

①Garfield E. Citation indexes for science[J]. Science, 1955, 122: 108 - 111.

②Garfield E. Science Citation Index - A new dimension in indexing[J]. Science, 1964, 144(3619): 649 - 654.

③Garfield E. The history and meaning of the journal impact factor[J]. Jama, 2006, 295(1): 90 - 93.

④Garfield E. Citation analysis as a tool in journal evaluation[C]. American Association for the Advancement of Science, 1972.

⑤Hirsch J E. An index to quantify an individual's scientific research output[J]. Proceedings of the National academy of Sciences of the United States of America, 2005: 16569 - 16572.

⑥Chen P, Xie H, Maslov S, et al. Finding scientific gems with Google's PageRank algorithm[J]. Journal of Informetrics, 2007, 1(1): 8 - 15.

⑦吴海峰, 孙一鸣. 引文网络的研究现状及其发展综述[J]. 计算机应用与软件, 2012, 29(2): 164 - 168.

文层次上升为中观的主题层次,以用于从主题粒度上研究交叉学科中的知识传播。本节首先建立交叉学科主题引用网络模型,然后在该网络模型基础上进行交叉学科中知识传播研究,重点放在交叉学科中的跨学科知识传播方面。主要的应用方向包括两个方面:一是交叉学科中主题影响力进行评价,二是主题跨学科影响力评价。

　　在交叉学科集成数据集中,研究引用关系时,需要区分被引文献和施引文献所从属的学科。由于本研究所关注的是交叉学科中的知识传播情况,因此在分析时重要关注交叉学科中的施引文献。同时,根据被引文献所属学科,可以从两个层次进行分析:一是被引文献仅来自交叉学科内部,从而构建形成交叉学科内部的主题引用网络;二是被引文献来自包括基础学科和交叉学科在内的所有集成数据集,这种方式构建形成交叉学科全局主题引用网络。两种网络的构建方式可以参见图 6-1。

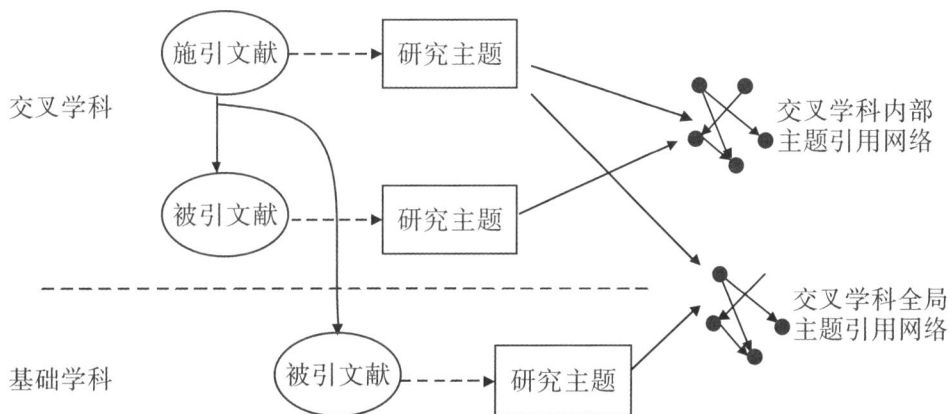

图 6-1　交叉学科主题引用网络的构建方式

　　借助于图 6-1 中所示的主题引用网络构建方式,下面分别定义交叉学科内部主题引用网络和交叉学科全局主题引用网络。

　　交叉学科内部主题引用网络 $G_I = \{V, E\}_{P_I}$,其中 V 是指主题节点,E 是主题之间的引用关系所形成的边。该主题引用网络仅在交叉学科文献内部,具体构建过程如图6-1 中所示:首先,根据交叉学科内部的施引文献寻找到交叉学科内部的被引文献,建立文献层次的引用关系;然后,分别得到施引文献的主题和被引文献的主题;最后,针对每一个文献层次的引用关系,在施引文献的所有主题与被引文献的所有主题之间建立引用关系,若主题之间的引用关系已经存在,那么相应连边的权重增 1。经过以上过程,得到交叉学科内部主题之间的有向引用网络,且连边权重值为整数。

　　交叉学科内部主题引用网络的构建方式也可以采用矩阵计算进行表示。论文的主题隶属矩阵为 T,其中行为论文,列为主题,元素值表示论文从属于该主题,取值为 $\{0,1\}$。交叉学科内部论文之间的引用关系矩阵为 C,其中行为施引论文,列为被引论文,元素值表该施引论文是否引用被引论文,取值为 $\{0,1\}$。那么,交叉学科内部主题引用矩阵计算方法为:

$$C_I = T^T C T$$

交叉学科全局主题引用网络定义为 $G_E = \{V, E\}_{P_k}$，其中 E 是交叉学科文献引用所有文献的引用关系所形成的边。交叉学科全局主题引用网络构建过程与交叉学科内部主题引用网络构建过程类似，所不同的是交叉学科全局主题引用网络所考虑的被引文献范围更广，涉及交叉学科相关的基础学科。同理，交叉学科全局主题引用网络 C_E 建立亦能通过矩阵计算方式进行表示，不同的是引用关系矩阵 C 在整个集成数据集基础之上。

6.3 基于主题引用网络的交叉学科知识流动分析

基础学科向交叉学科进行知识传播为交叉学科知识创新提供知识输入。本章借鉴期刊影响力指标(IF)[1]、H 指数[2]等评价指标，在交叉学科内部，结合被引频次和施引主题数量构建主题影响力指标，主要评价交叉学科中主题对于其他主题的影响力。进而考虑主题的学科属性，针对基础学科主题，结合交叉学科引用频次、引用主题分布形成主题跨学科性影响力指标，用于评价基础学科主题对交叉学科的影响。最后，构建主题层次知识传播图谱，结合两种主题影响力指标可视化呈现交叉学科内部及整个集成数据集两种层次的主题引用网络，揭示交叉学科中跨学科知识传播结构和规律。

6.3.1 主题影响力评价指标

在文献引文网络中，单篇文章的影响力可以通过文献被多少其他文献引用来衡量。在传统的基于引文的学术评价中，没有区分引文的具体引用动机，例如"知识主张""价值感知""信息源便利性""引用输出"和"引用重要性"等[3]。不同的引用动机下，被引文献的学术影响事实上有所不同。传统的基于引文的学术评价中，简化了评价方式，忽略这些引用动机。这样做的优势在于形成一个操作方便、应用广泛的评价指标。因此在现实学术评价中，基于引文的学术评价仍然是应用最广的评价方式。本书对于主题影响力评价仍然沿用基于引文的学术评价方式，同时考虑施引主体的多样性，从而针对主题构建交叉学科内部主题影响力和跨学科主题影响力。

（1）交叉学科内部主题影响力评价。针对所有主题而言，交叉学科内部主题影响力评价是指在交叉学科内部（即以交叉学科内部的研究文献为数据源）评价某个主题对其

①Garfield E. The history and meaning of the journal impact factor[J]. Jama, 2006, 295(1): 90 – 93.

②Hirsch J E. Does the h index have predictive power? [J]. Proceedings of the National Academy of Sciences, 2007, 104(49): 19193 – 19198.

③邱均平, 陈晓宇, 何文静. 科研人员论文引用动机及相互影响关系研究[J]. 图书情报工作, 2015 (9): 36 – 44.

他主题的学术影响。在基于文献引用的评价范式中,本书采用主题被引数量和主题被引多样性两种指标对其学术影响力进行评价。

主题被引数量(Topic Cited Frequency, TCF)是根据主题中研究文献被其他主题的研究文献引用频次。该指标计算在交叉学科内部主题引用矩阵 C_I 基础上,具体针对主题 i 的主题被引数量 TCF_i 计算方式为:

$$TCF_i = \sum_j c_{ji}$$

其中,c_{ji} 是主题引用矩阵 C_I 的 j 行 i 列元素,表示主题 j 引用主题 i 的频次,即主题 j 中文献引用主题 i 中文献的频次。

主题被引多样性(Topic Cited Diversity, TCD)是根据主题中研究文献被多少个其他主题中的研究文献引用进行衡量,考查的是施引主题数量。在交叉学科内部主题引用矩阵 C_I 基础上,该指标的计算方式为:

$$TCF_i = \sum_j count(c_{ji})$$

其中,如果 $c_{ji} > 0$,则 $count(c_{ji}) = 1$。

(2)跨学科主题影响力评价。跨学科主题影响力衡量跨学科研究主题对交叉学科中主题的学术影响。与交叉学科内部主题影响力评价类似,跨学科主题影响力评价亦采用主题被引数量和主题被引多样性两种指标对其学术影响力。所不同的是,计算以整个集成数据集主题引用矩阵 C_E 为基础。

6.3.2　主题层次知识传播图谱构建

主题层次知识传播图谱是指以主题为代表的科学知识之间相互传播网络的可视化显示图谱。从可视化角度来看,它仅仅是科学知识传播网络的可视化呈现。然而,作为帮助用户理解科学知识传播结构的知识传播图谱,需要减轻用户的认知负担。因此,本书认为在构建主题层次知识传播图谱时,需要注意如下两个方面。

(1)区分知识传播网络中的重要节点。在交叉学科知识传播过程中,被引数量较高的主题和被引多样性较高的主题在整个知识传播过程中起到了重要的知识输出作用。这上这些节点在知识图谱可视化呈现时,需要被重点呈现,减轻用户的认知难度。在具体设计时,可以将被引数量和被引多样性较高的主题赋予较大的节点形状,且放置在网络中央位置。

(2)彰显知识传播主路径。知识传播网络中的路径可以采用 Dijkstra[①] 路径识别算

[①]Skiena S. Dijkstra's algorithm[J]. Implementing Discrete Mathematics: Combinatorics and Graph Theory with Mathematica, Reading, MA: Addison-Wesley, 1990: 225-227.

法,这里一般指两个节点之间的最短路径。交叉学科知识传播网络中的主路径具有两层含义,一是主路径上的连边权重较大,二是主路径中的边中介中心性较大,即经过该边的最短路径较多。在可视化时,需要将主路径重点突出显示。

6.4 数字图书馆学科中的知识传播实证研究

本节在前几章对于数字图书馆学科主题识别的基础上,进一步分析数字图书馆学科中的跨学科知识传播规律。

6.4.1 集成数据集中引文关系解析过程

数字图书馆学科中的主题引用网络构建需要文献之间的引用关系作为数据基础。本书研究所采用的数据来自 WOS 学术数据库题录,所下载的数据格式是文本型题录数据。该题录数据中包括有文献的被引文献,但是由于数据格式的原因无法直接构建论文之间的引用关系。本研究通过一系列工具,设计一套流程提取出文献之间的引用关系①。主要流程参见图 6-2。

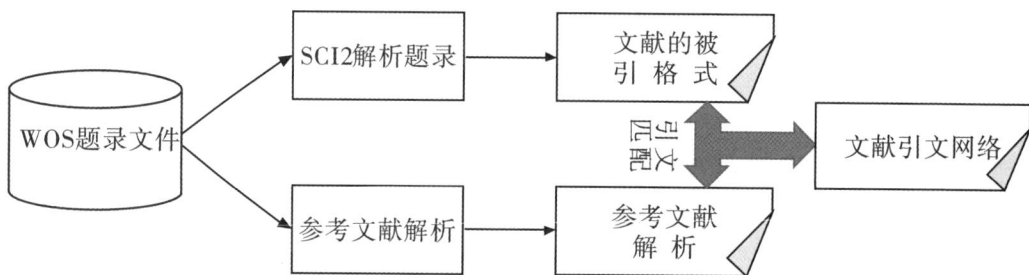

图 6-2　文献引文网络构建流程

具体解析过程如下:

(1)利用 SCI^2 软件②从 WOS 题录文件中解析出文献的基础元数据。SCI^2 软件是由美国印地安那大学开发的一款解析并分析多种学术网络的软件。本书首先采用 SCI^2 软件从 WOS 题录普通文本书件中解析得到每一篇研究文献的标题、作者、关键词、摘要、WOS 唯一标识(WOS ID)、出版物、卷、期等基础元数据。同时,SCI^2 软件还能根据这些基础元数据生成文献的被引格式,这种被引格式是 WOS 中的一种格式标准,也用于 WOS 题录文件中对于参考文献的标准著录。这种格式的一个示例是:DeClercq CP, 2014, J ACAD LIBR, V40, P574, DOI 10.1016/j.acalib.2014.08.005,其中基本组成是第一作者

①引文分析软件 CiteNetExplorer 具有从 WOS 题录文件中提取出引文网络的功能。但是,本研究的数据集较大,导致 CiteNetExplorer 软件工具运行出错。因此,本研究采用多种工具,并结合自主编程实现了从 WOS 题录文件中提取引文网络的功能。

②Team S. Science of Science (Sci2) Tool. Indiana University and SciTech Strategies[J]. 2009.

+出版年+出版物+卷+起始页+DOI 信息等等。这一步操作提取出每一篇文献的被引格式。

（2）采用 Java 编程从 WOS 题录文件中的参考文献字段（CR）中解析得到每一篇文献的所有参考文献。例如，文献"Grandbois J，2014，INFORM RES，V19"（WOS ID：000347625300002）的参考文献包括：

Connaway LS，2011，LIBR INFORM SCI RES，V33，P179，DOI 10. 1016/j. lisr. 2010. 12. 002

Davis PM，2009，J AM SOC INF SCI TEC，V60，P3，DOI 10. 1002/asi. 20965

Antelman K，2004，COLL RES LIBR，V65，P372

Kousha K，2006，SCIENTOMETRICS，V68，P501，DOI 10. 1007/s11192 - 006 - 0126 - 9

Baich T，2012，INTERLEND DOC SUPPLY，V40，P55，DOI 10. 1108 /02641611211214305

Bjork B - C. ，2004，INFORM RES，V9

Budapest Open Access Initiative，2012，10 YEARS BUD OP ACC

其中，每一条参考文献亦采用标准被引格式。

（3）通过引文匹配，构建引文网络。将每篇文献的每一条参考文献，与数据集中的所有文献的被引格式进行匹配，如果相同，那么有两者之间建立引文关系。例如，文献 000347625300002 的第一条参考文献为"Connaway LS，2011，LIBR INFORM SCI RES，V33，P179，DOI 10. 1016/j. lisr. 2010. 12. 002"，将这一参考文献与数据集中所有文献的被引格式进行匹配，发现该参考文献与文献 WOS ID：000291453300002 的标准引文格式一致，因此在两者之间形成一条引用关系，即文献 000347625300002 引用文献 000291453300002（000347625300002000291453300002）。通过这一方法，得到数据集内部所有引用关系信息。

经过以上处理，共在数据集内部得到 13250 条引用关系。这些引用关系的施引文献既包括数字图书馆学科文献，也覆盖基础学科文献。

6.4.2 学科主题引用网络

在得到数字图书馆学科集成数据集中所有文献之间的引用关系之后，可以分别构建数字图书馆内部主题引用网络和全局主题引用网络。数字图书馆内部主题引用网络是以数字图书馆内部文献为基础，得到文献所从属主题之间的引用关系，从而构建成主题引用网络。数字图书馆全局主题引用网络是在整个数字图书馆集成数据集基础上构建而成,施引文献来自数字图书馆学科,而被引文献可以是数字图书馆学科文献,也可以是基础学科文献。这两个主题引用网络分别对数字图书馆内部主题的知识传播和全局环境主题对于数字图书馆学科的知识传播建立量化模型。后文将在这两个主题引用网络基础上进行知识传播分析。表6-1列出了数字图书馆学科内部和全局主题引用网络的基础网络指标。

表6-1 数字图书馆学科内部和全局主题引用网络的基本指标

主题引用网络	节点	相连节点	边	密度	边平均权重	边最小值	边最大值	边权值方差
内部引用网络	220	162	861	0.066	1.11	1	5	0.43
全局引用网络	220	215	2565	0.111	1.16	1	8	0.51

注:网络密度计算是去除了孤立节点。

根据表6-1可知,在数字图书馆学科内部,并不是所有主题均参与了主题之间的引用关系,220个主题中仅有162个主题之间存在着引用关系。主题之间的引用关系共包含861条边,网络密度为0.066,表明主题之间的引用关系较为稀疏。从主题引用关系(网络连边)的权值来看,最小值为1,最大值为5,方差为0.43。整体来看,数字图书馆学科内部主题之间的引用关系强度并不大,表明在主题层次中的数字图书馆这一交叉学科内部的知识流动涉及的面较广(涉及主题较多),表明知识流动范围广,而主题之间的知识流动强度并不大(引用关系平均强度较小)。这些信息,亦可以呈现在数字图书馆内部主题引用网络中,如图6-3所示。

图6-3 数字图书馆学科内部主题引用网络图

同时,表6-1亦表明,在数字图书馆集成数据集中,尽管参与主题之间引用关系的主题仍然并不所有的220个主题,但参与主题数量多于数字图书馆内部主题引用的主题数(215>162)。主题之间的引用关系数量也远多于内部引用关系(2565>861),网络密度为0.111,相比内部主题引用网络而言,主题引用关系更加稠密一些。从主题引用关系权重来看,最小值为1,最大值为8,方差为0.51,整体来看,主题引用关系权值有所增加。因此,整体来看,当考虑交叉学科相关的基础学科时,主题层次的知识流动范围增大,同时主题之间的知识流动关系亦有所增强。数字图书馆学科集成主题引用网络如图6-4所示。

图6-4 数字图书馆学科全局主题引用网络图

6.4.3 主题影响力分析

6.4.3.1 数字图书馆学科内部主题影响力

交叉学科内部主题影响力衡量了在单个学科内部,主题对于其他主题的学术影响力,评价了主题对于其他主题的知识输出。图6-5列出了数字图书馆学科内部主题影响力中主题被引数量排名前15的主题。其中,被引次数最多的是主题66数字馆藏,达到101,其次是78信息搜寻行为和195元数据。其他被引次数较多的主题也参见图6-5。从这些主题的主题类型来看,被引次数较多的主题均是研究对象主题,而非研究方法主题。由此也说明,在引用行为中,多以研究对象为被引主体,说明在数字图书馆学科内部知识传播过程中,通过研究问题的关注和交流是主要的传播形式。

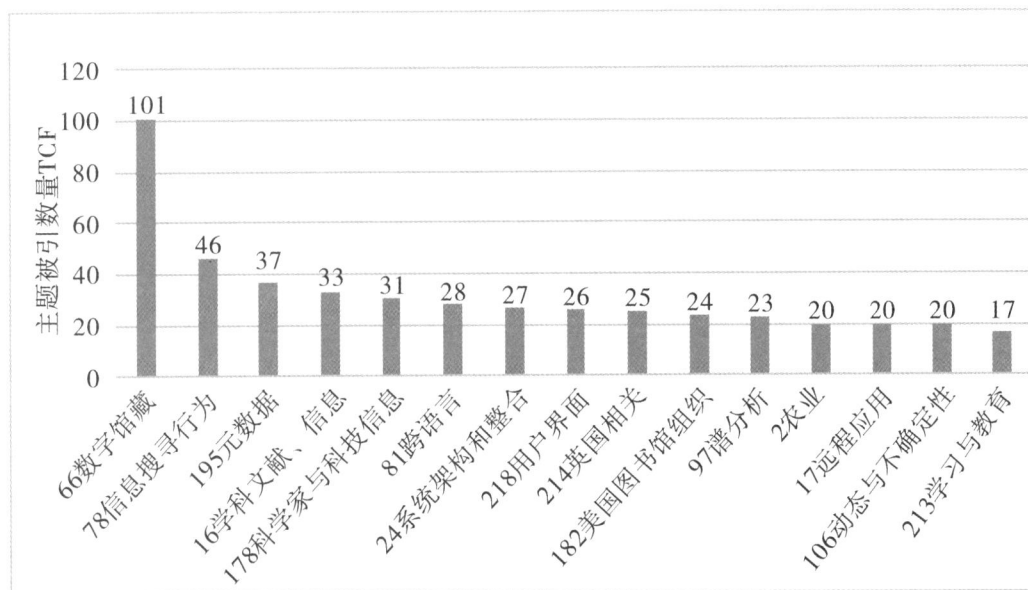

图6-5　数字图书馆学科内部主题被引数量 Top 15 主题

图6-6列出了数字图书馆学科内部主题影响力中主题被引多样性排名前15的主题。从该图可以看出,主题66数字馆藏和78信息搜寻行为仍然是被引多样性最高的主题。一般而言,被引多样性值少于被引次数,因为一些主题中存在多篇文献引用某个主题中的文献。

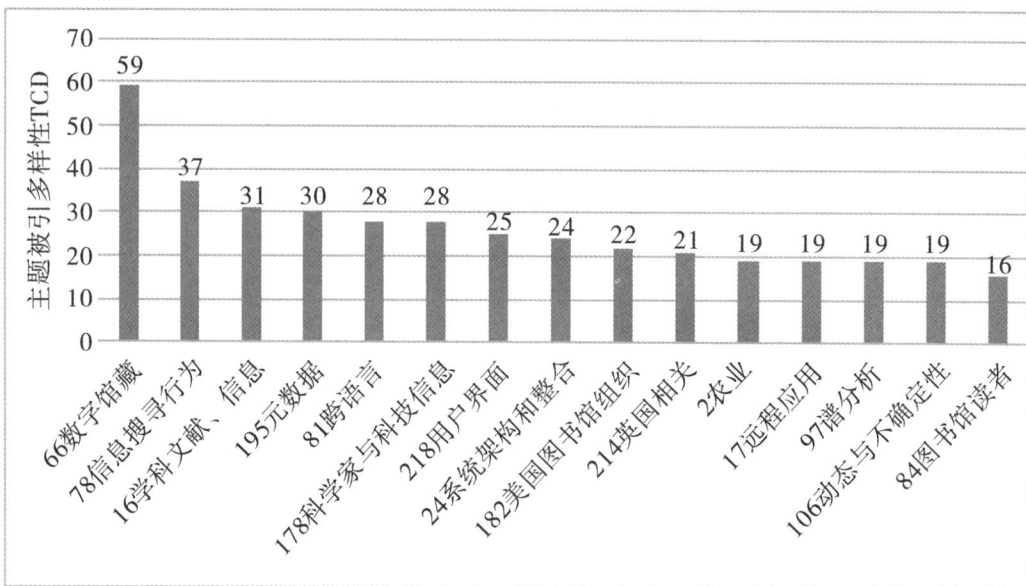

图 6 - 6　数字图书馆学科内部主题被引多样性 Top 15 主题

对比图 6 - 6 和图 6 - 5 可以发现,在被引多样性方面出现了一些新的主题,例如主题 84 图书馆读者。另一方面,事实上数字图书馆学科内部主题被引次数和被引多样性存在较强的相关性。经过线性相关性计算,两者的相关性达到 0.971,表明两者高度相关。一方面,存在较多主题仅被 1 个其他主题引用,另一方面也有较多主题仅引用一次其他主题,因此主题被引多样性也在某种程度上代表了主题被引次数。

6.4.3.2 数字图书馆学科跨学科主题影响力

数字图书馆学科跨学科主题影响力衡量的是相关基础学科中主题对于数字图书馆学科研究的知识输出能力。图 6 - 7 列出了 15 个跨学科影响力较高的主题。其中,主题 66 数字馆藏仍然是被引次数最多的主题,高于图 6 - 5 中学科内部的被引次数,由此说明其他学科中也存在一些针对数字馆藏的研究,这些研究亦对数字图书馆学科内部的主题具有重要影响。另一方面,对比图 6 - 5 发现,有较多研究主题并未在图 6 - 5 中出现。因此,图书馆、信息系统和信息科学等基础学科的研究主题对数字图书馆学科的影响力更大。从新出现的主题来看,谱分析、文献引用、大学课程等主题对数字图书馆学科的知识输出显著变大,说明这些基础学科中的研究主题对数字图书馆学科产生了较大的跨学科影响力。另一方面,谱分析、结果启示等研究方法也产生了较大的跨学科影响力,这些现象表明基础学科对于交叉学科的跨学科知识输出中研究方法的知识输出亦是重要的知识输出内容。这印证了交叉学科跨学科研究的基本手段之一是科学研究方法的移植使用①②。

---

①徐飞. 论科学方法的跨学科运用[J]. 科学技术与辩证法,1996,13(6):24 - 29.

②李春景,刘仲林. 跨学科研究规律的实证分析[J]. 科学技术与辩证法,2004,21(2):75 - 78.

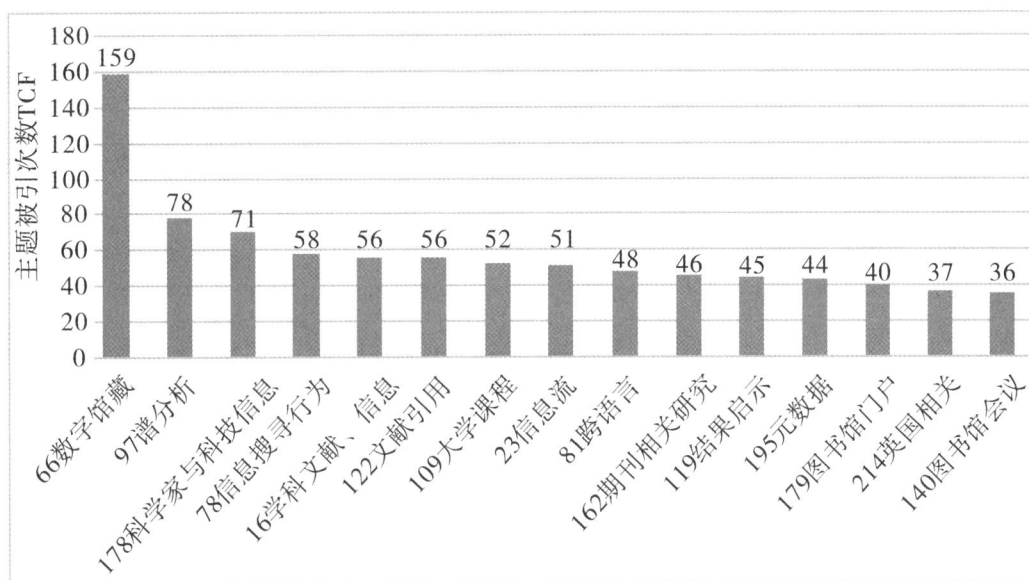

图 6 - 7　跨学科主题被引数量 Top 15 主题

与数字图书馆学科内部相似,主题的跨学科主题被引多样性与跨学科主题被引数量之间亦存在较高的相关度,两者的相关系数达到 0.968。被引多样性较高的主题包括数字馆藏、科学家与科技信息、谱分析以及学科文献、信息等,详情参见图 6 - 8。

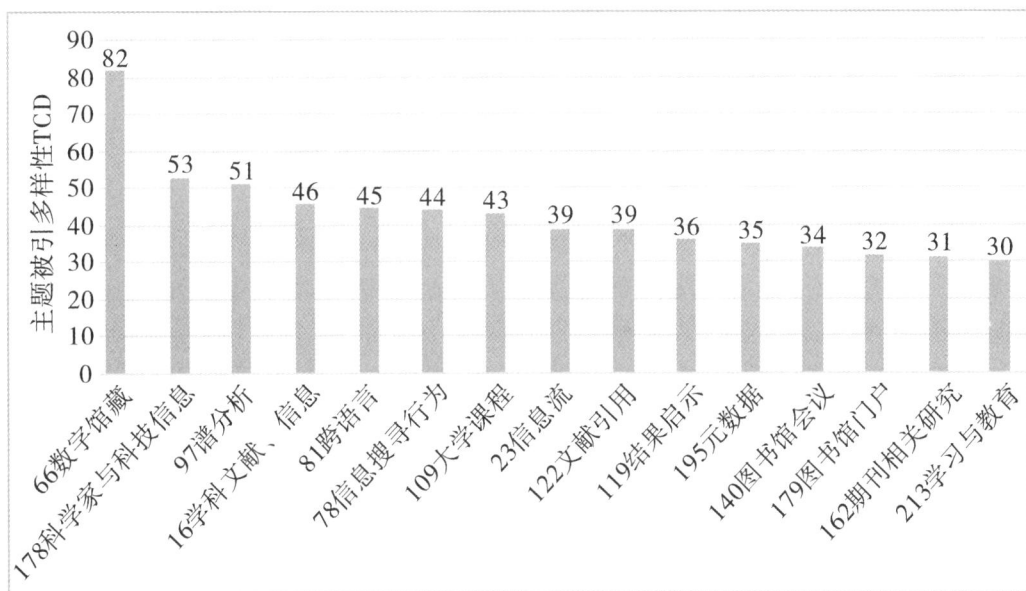

图 6 - 8　跨学科主题被引多样性 Top 15 主题

6.4.4 学科知识传播图谱分析

在本节,我们以交叉学科中全局主题引用网络为基础,构建全局知识传播图谱。由于主题数量较多,且大多数主题之间引用次数都小于或等于2,因此在构建全局知识传播图谱时,仅考虑主题之间引用次数大于2的情况。图6-9列出了数字图书馆学科中全局知识传播图谱。该知识传播图谱所呈现的节点之间具有方向性,且与主题引用的方向相反。全局如数字馆藏主题向教育与培训主题传播知识,其表现为教育与培训主题引用数字馆藏主题。

图6-9　数字图书馆全局知识传播图谱

在设计数字图书馆学科这一知识传播图谱时,本书尽量区分知识传播网络中的重要节点和彰显知识传播主路径,以方便用户直观而清晰地认识知识传播结构。在区分节点重要性时,以主题被引多样性为依据,设置主题节点形状的大小。例如,数字馆藏和科学家与科技信息,拥有较高的主题被引多样性,在该图谱中采用较大的圆形来表示这两个主题;而对主题被引多样性较小的主题,例如合作与分享、跨语言等,则采用较小的圆形来表示这些主题。同时,为了呈现不同重要性的知识传播关系,对主题之间的连边设置不同的粗细进行呈现。主题之间的知识传播关系越强烈,即一个主题引用另一个主题的文献数量较多,那么两者之间的连边越粗。例如,数字馆藏和科学家与科技信息两个主题之间被引文献数量为7,在整个知识传播图谱中拥有相对较强的知识传播关系,在图6-9中设置了较粗的有向连边来表示两者的关系。通过以上设计,能够较为清晰地呈现主题之间的知识传播关系。

6.5　本章小结

交叉学科知识传播是科学知识传播的一个重要方面,亦是交叉学科知识创新的重要来源。以主题层次进行观察,是从较细粒度来研究交叉学科科学知识流动关系。本章从主题之间的引用关系为基础,认为主题之间的引用关系是交叉学科知识流动、知识传播的可观察象征。在此假设下,在交叉学科内部和相关基础学科两个层次上构建了交叉学科主题引用网络,两种网络的施引方均是来自交叉学科的文献,而被引文献分别分布在交叉学科内部以及交叉学科和相关基础学科中。以这两种交叉学科主题引用网络为基础,采用主题被引数量和被引多样性两种指标分别评价两个层次的主题影响力。同时,提出构建主题层次知识传播图谱的相关细节,用以可视化观察主题之间的知识流动。本章以数字图书馆学科进行了实证分析。

第7章

总结与展望

7.1 结论与讨论

本书研究以主题为切入视角，剖析交叉学科中的知识组合和知识传播结构。提出首先构建整合交叉学科和基础学科研究文献的集成数据集，采用主题模型中的 LDA 模型从集成数据集中识别出交叉学科中的潜在主题结构。接着文章从两个分析路径剖析主题之间的相互关系。一是主题之间的共现关系，文章假设科学文献中的主题共现是一种知识组合的反映，在此假设基础上，通过构建主题共现网络研究了交叉学科中的知识组合结构以及跨学科知识组合模式。二是主题之间的引用关系，文章通过主题引用关系象征主题之间的科学知识传播，通过构建主题引用网络研究了交叉学科的知识传播结构。

首先通过文献综述和理论回顾，对相关研究进行了总结，识别出研究问题和基础理论和方法。文章从学科领域的主题识别研究、跨学科合作研究现状以及学科领域的知识传播研究现状三个方面对国内外研究现状进行梳理，识别出交叉学科中从主题视角来研究跨学科知识合作和知识传播的相关研究还较为缺乏，从而得出本书研究的主要议题。进而，文献整理了交叉学科研究的相关基础理论，包括交叉学科概念以及跨学科性测度等，并对主题模型理论和方法进行了系统梳理，为后续研究打下理论和方法铺垫。

提出整合交叉学科和基础学科研究文献的集成数据集的交叉学科主题识别方法。该方法认为交叉学科研究是在相关基础学科研究发展而来的，因此交叉学科的主题识别不能仅仅以交叉学科中的文献为提取数据源，还应当容纳相关的基础学科的研究文献，这样才能更加精确地识别出交叉学科的研究主题。采用专家识别和计量方法相结合方法为交叉学科识别出关联基础学科，进而构建相应的集成数据集。然后借助潜在狄利克雷分配模型，从集成数据集文献中识别出整个的潜在主题以及每篇文章的潜在主题分布情况，从中提取出交叉学科的潜在主题以及每个主题的文献数量分布。

在识别出交叉学科潜在主题后，展开主题层次的知识组合和知识传播研究。本研究认为交叉学科的主题共现关系是交叉学科知识创新过程中知识组合的体现，因此首先构建交叉学科主题共现网络。以交叉学科研究文献中的研究主题共现关系为基础，以主题为节点，同一篇文献中任意两个主题之间建立连边，主题共同出现的文献数量作为边的权重。文章运用社会网络分析方法和图挖掘算法,对交叉学科主题共现网络进行分析。第一,运用节点中心性和随机游走算法,对不同研究主题的重要性进行量化排序,并阐释各个主题在整个交叉学科中的角色;第二,运用边权重分析识别频繁共现主题,理解交叉学科主题组合关系;第三,借助局部图的社群发现算法识别主题群落,分析交叉学科中的知识簇现象。然后,本书将在交叉学科主题共现网络基础上,进一步考虑主题属性,构建多模主题网络。文章考虑的主题属性包括:①主题类型,将主题划分为研究对象和研究方法两类;②主题学科,根据交叉学科及其关联基础学科中各主题中文献数量,结合专家经验定性地确定各个主题所属学科。通过网络节点分类,并引入学科节点,将主题共现网络转化为学科–对象–方法多模主题网络。在此基础上,利用多模网络挖掘算法对该网络进行分析,揭示交叉学科跨学科知识组合模式,包括如下两个方面:一是学科组合模式,以论文和主题等为统计单元,汇集在学科共现关系上,量化多模主题网络中学科间组合关系;二是主题类型组合模式,运用图论中节点和边的权重计算算法,量化分析研究对象和研究方法主题之间的组合模式。

文章最后在主题引用网络基础上研究交叉学科中跨学科知识传播结构。首先,将交叉学科及关联基础学科的论文引用网络转换为主题引用网络,有向边权重为主题间引用文献数量。在交叉学科内部,结合被引频次和施引主题数量构建主题影响力指标,包括主题被引数量和被引多样性两个方面,评价交叉学科中主题对于其他主题的影响力,以及在整个集成数据集中,基础学科主题对交叉学科的跨学科影响。最后,构建主题层次知识传播图谱,结合两种主题影响力指标可视化呈现交叉学科内部及整个集成数据集两种层次的主题引用网络,揭示交叉学科中跨学科知识传播结构和规律。

本书选择数字图书馆学科这一较为成熟的交叉学科作为示例学科,运用交叉学科知识组合和知识传播分析框架开展实证研究。通过实证研究,本书发现:

(1)LDA主题模型能够较好地识别出数字图书馆学科中的潜在主题。通过本书方法共识别得到220个潜在主题,其中219个主题出现在了数字图书馆学科中。这些主题中,拥有文献数量最多的两个主题是主题66"数字馆藏"(326篇文献)和主题196"元数据"(112篇文献)。从主题内容来看,这正合乎了数字图书馆学科的研究现状。在从所有数字图书馆学科热门研究主题中,除了与传统图书馆学相关联的数字馆藏、元数据、图书馆中的身份问题等主题之外,开放获取与开源软件、信息查询、系统架构和整合、语义网与本体等主题均是信息技术发展后的重要研究主题,这些主题也迁移到数字图书馆领域,成为数字图书馆领域的热门研究主题。

(2)通过主题共现网络,能够从多个角度对主题共现网络的拓扑结构进行分析,从而深入理解数字图书馆学科的知识组合结构。例如,数字图书馆学科中数字馆藏、元数据、方法与目标、开放获取与开源软件、查询对象等主题在各个指标维度上均表明其重要性;同时,还发现了该学科中的一些频繁共现主题,这些频繁共现主题多以数字馆藏和元数据为中心;并识别出9个主要的知识簇,其中知识簇73为最大知识簇,覆盖了数字图书馆学科中的两大核心主题(数字馆藏和元数据)。

(3)通过学科–对象–方法主题网络模型分析,能够识别交叉学科中的跨学科知识组合模式。本书主要进行两方面的知识组合模式分析:一是识别研究对象与研究方法的组合模式,包括频繁组合模式,例如数字馆藏主题和方法与目标主题等,同时,根据主题与其他主题发生知识组合的频率来衡量知识组合能力,发现了数字馆藏、病历、开放获取与开源软件等知识组合能力较强的主题;另一方面,从主题层次上升到学科层次,揭示了学科知识组合模式,发现图书馆学与信息系统学科在数字图书馆学科研究中起到重要的知识输出作用。这一发现与专家判断较为一致。

(4)通过主题引用网络分析了数字图书馆学科中知识传播结构,在交叉学科内部以及交叉学科和相关基础学科(全局)中,基于主题被引数量和被引多样性两种指标分别评价两个层次的主题影响力。研究发现:在数字图书馆学科内部,主题数字馆藏和信息搜寻行为是影响力较大的主题;在全局层次上,数字馆藏、科学家与科技信息、谱分析是跨学科影响力较大的主题。同时,通过主题层次分析发现,在数字图书馆学科内部知识传播过程中,通过研究问题的关注和交流是主要的传播形式,而且基础学科对于交叉学科的跨学科知识输出中研究方法的知识输出亦是重要的知识输出内容。同时,通过构建主题层次知识传播图谱能够帮助用户可视化分析主题之间的知识流动。

7.2 存在的问题和不足

本研究仍然存在着一些理论和方法上的不足,主要涉及如下几个方面:

(1)在识别交叉学科的关联基础学科时,采取了专家分析和计量相结合的方法。在实际构建交叉学科集成数据集时,一方面对于学科的定义,不同专家可能具有不同的理解方式,从而造成学科文献的覆盖度不足的问题。在本书实证研究中,数字图书馆学科的一个关联基础学科是信息科学。从现有认识来看,图书情报学科和泛科学环境下关于信息科学的理解并不一致,图书情报学科对于信息科学一般多局限在本学科内,然而在整个科学版图中,信息科学可能指涉及信息的更泛的学科领域,包括计算机、电子信息处理等等多个领域。另一方面,并不是某个学科中的所有知识(主题)均与交叉学科相关,若将所有文献收录进来,可能引入较多噪声数据,造成不必要的干扰。

(2)本研究尚未找到一种量化方法,对比以集成数据集和交叉学科单学科数据集为数据源的交叉学科研究主题识别结果的异同。当前研究仅从定性的角度判断了识别效果,而缺少数理层面的原理性方法来定量分析。

(3)在实证研究过程中,发现一些研究主题若从语义内容来看,并不能被划分到具体的学科之中。本书在对这些主题处理时,仍然采用了主题文献数量来进行划分,可能对后续的相关分析造成影响。本书的处理方法是将这一部分的主题留给领域分析人员自行处理,在对分析结果进行领域解释时,考虑是否纳入这些分析。因此,本书仅将所有结果呈现出来,用以体现本书方法的优势与可行性。

(4)本书分析的深入程度存在不足,尚未总结出规律性结论。本书在分析时,重点在于呈现方法的可行性,而对于方法识别结果在数字图书馆学科中的意义解析力度上存在不足。如果作为案例研究,应当进一步加强方法结果在交叉学科中的现实意义。另外,本书仅就单一交叉学科(数字图书馆)进行了实证分析,并未对多个交叉学科进行研究。因此,尚未从不同交叉学科中总结出交叉学科知识组合和科学知识传播的规律性结论。

7.3 研究方向

经本研究,仍然发现了一些尚未解决但十分重要的研究问题。在未来计划中,拟将从如下两方面展开:

一是引入时间机制,从历时分析角度研究交叉学科知识组合和知识传播的动态演化规律。交叉学科的形成是一个逐步从跨学科研究方向、跨学科研究领域向交叉学科发展的过程,该过程是一个动态变化、研究对象和问题不断拓展的过程。在这一动态变化过程中,必然不断发生着知识组合和知识传播现象。本研究仅从一个时间剖面对交叉学科形成后的知识组合和知识传播结果进行了静态分析,并未还原知识组合和知识传播的演化过程。在未来研究中,将引入时间因素,利用历时分析方法揭示交叉学科知识组合和知识传播的动态演化规律。可能的研究方向包括:动态视角下关键知识组合关系识别、知识组合关系热点识别、知识传播过程规律等。

二是结合更多交叉学科研究,提炼交叉学科知识组合和知识传播的整体规律,实现理论升华。本研究侧重于交叉学科知识组合和知识传播结构的方法研究,仅对数字图书馆学科进行了示例分析,尚未发现交叉学科知识组合和知识传播结构的通用性规律。在未来的研究中,将一方面对更多的交叉学科进行案例分析,另一方面对知识组合结构、跨学科知识组合模式以及知识传播中的共性进行总结,并结合相关理论进行理论层面的解释和升华,从而得到交叉学科知识组合和知识传播的规律。

参考文献

英文参考文献

[1] Agrawal R, Imieliński T, Swami A. Mining association rules between sets of items in large databases[C]//Acm sigmod record. ACM, 1993, 22(2): 207 – 216.

[2] Amjad T, Ding Y, Daud A, et al. Topic – based heterogeneous rank[J]. Scientometrics, 2015, 104(1): 313 – 334.

[3] An X Y, Wu Q Q. Co – word analysis of the trends in stem cells field based on subject heading weighting[J]. Scientometrics, 2011, 88(1): 133 – 144.

[4] Anzai Y. Pattern Recognition & Machine Learning[M]. Elsevier, 2012.

[5] Arms W Y. Digital libraries[M]. MIT press, 2000.

[6] Blei D M, Ng A Y, Jordan M I. Latent dirichlet allocation[J]. Journal of machine Learning research, 2003, 3(Jan): 993 – 1022.

[7] Blei D M. Probabilistic topic models[J]. Communications of the ACM, 2012, 55(4): 77 – 84.

[8] Blondel V D, Guillaume J L, Lambiotte R, et al. Fast unfolding of communities in large networks[J]. Journal of Statistical Mechanics Theory & Experiment, 2008, 30(2):155 – 168.

[9] Booth W C, Colomb G G, Williams J M. The craft of research[M]. University of Chicago press, 2003.

[10] Brillouin L. Science and information theory[M]. Courier Corporation, 2013.

[11] Callon M, Courtial J P, Laville F. Co – word analysis as a tool for describing the network of interactions between basic and technological research: The case of polymer chemsitry[J]. Scientometrics, 1991, 22(1): 155 – 205.

[12] Cao J, Xia T, Li J, et al. A density – based method for adaptive LDA model selection[J]. Neurocomputing, 2009, 72(7): 1775 – 1781.

[13] Chang J, Blei D M. Hierarchical relational models for document networks[J]. The Annals of Applied Statistics, 2010: 124 – 150.

[14] Chen C, Hicks D. Tracing knowledge diffusion[J]. Scientometrics, 2004, 59(2):

199 – 211.

[15]Chen P, Xie H, Maslov S, et al. Finding scientific gems with Google's PageRank algorithm[J]. Journal of Informetrics, 2007, 1(1): 8 – 15.

[16]Chi R, Young J. The interdisciplinary structure of research on intercultural relations: a co – citation network analysis study[J]. Scientometrics, 2013, 96(1): 147 – 171

[17]De Battisti F, Ferrara A, Salini S. A decade of research in statistics: a topic model approach[J]. Scientometrics, 2015, 103(2): 413 – 433.

[18]Deerwester S, Dumais S T, Furnas G W, et al. Indexing by latent semantic analysis [J]. Journal of the American society for information science, 1990, 41(6): 391.

[19]Ding Y, Song M, Han J, et al. Entitymetrics: measuring the impact of entities[J]. PLoS One, 2013, 8(8): e71416.

[20]Ding Y. Topic - based PageRank on author cocitation networks[J]. Journal of the Association for Information Science and Technology, 2011, 62(3): 449 – 466.

[21]Erosheva E, Fienberg S, Lafferty J. Mixed – membership models of scientific publications[J]. Proceedings of the National Academy of Sciences, 2004, 101(suppl 1): 5220 – 5227.

[22]Evans J A, Foster J G. Metaknowledge[J]. Science, 2011, 331(6018): 721 – 725.

[23]Fink E J, Gantz W. A content analysis of three mass communication research traditions: Social science, interpretive studies, and critical analysis[J]. Journalism & Mass Communication Quarterly, 1996, 73(1): 114 – 134.

[24]Fortunato S. Community detection in graphs[J]. Physics reports, 2010, 486(3): 75 – 174.

[25]Freeman L C, Roeder D, Mulholland R R. Centrality in social networks: II. Experimental results[J]. Social networks, 1979, 2(2): 119 – 141.

[26]Garfield E. Citation indexes for science[J]. Science, 1955, 122: 108 – 111.

[27]Garfield E. Science Citation Index – A new dimension in indexing[J]. Science, 1964, 144(3619): 649 – 654.

[28]Garfield E. The history and meaning of the journal impact factor[J]. Jama, 2006, 295(1): 90 – 93.

[29]Garfield E. Citation analysis as a tool in journal evaluation[C]. American Association for the Advancement of Science, 1972.

[30]Gjelsvik O. Philosophy as Interdisciplinary Research[M]//New Challenges to Philosophy of Science. Springer Netherlands, 2013: 447 – 455.

[31]Gotelli N J, McCabe D J. Species co - occurrence: A meta - analysis of jm diamond's assembly rules model[J]. Ecology, 2002, 83(8): 2091 – 2096.

[32]Griffiths T L, Steyvers M. Finding scientific topics[J]. Proceedings of the National Academy of Sciences, 2004, 101(suppl 1): 5228 – 5235.

［33］Griffiths T. Gibbs sampling in the generative model of latent dirichlet allocation ［EB/OL］.［2013 − 12 − 2］. http://people. cs. umass. edu/ ~ wallach/courses/s11/cmpsci791ss/readings/griffiths02gibbs. pdf.

［34］Gupta S, Manning C D. Analyzing the Dynamics of Research by Extracting Key Aspects of Scientific Papers［C］//IJCNLP. 2011：1 − 9.

［35］H. Wallach. Topic modeling：Beyond bag of words［C］. In Proceedings of the 23rd International Conference on Machine Learning, 2006.

［36］Hall D, Jurafsky D, Manning C D. Studying the history of ideas using topic models ［C］//Proceedings of the conference on empirical methods in natural language processing. Association for Computational Linguistics, 2008：363 − 371.

［37］Hirsch J E. An index to quantify an individual's scientific research output［J］. Proceedings of the National academy of Sciences of the United States of America, 2005：16569 − 16572.

［38］Hofmann T. Probabilistic latent semantic indexing［C］//Proceedings of the 22nd annual international ACM SIGIR conference on Research and development in information retrieval. ACM, 1999：50 − 57.

［39］Kim S T, Weaver D. Communication research about the Internet：A thematic meta − analysis［J］. new media & society, 2002, 4(4)：518 − 538.

［40］King A J, Farrer E C, Suding K N, et al. Co − occurrence patterns of plants and soil bacteria in the high − alpine subnival zone track environmental harshness［J］. 2012, 3(12)：1 − 14.

［41］Kondo T, Nanba H, Takezawa T, et al. Technical trend analysis by analyzing research papers' titles［C］//Language and Technology Conference. Springer Berlin Heidelberg, 2009：512 − 521.

［42］Langholm S. On the concepts of center and periphery［J］. Journal of Peace Research, 1971, 8(3 − 4)：273 − 278.

［43］Lee B, Jeong Y I. Mapping Korea's national R&D domain of robot technology by using the co − word analysis［J］. Scientometrics, 2008, 77(1)：3 − 19.

［44］Lee K, Jung H, Song M. Subject − method topic network analysis in communication studies［J］. Scientometrics, 2016, 109(3)：1761 − 1787.

［45］Leydesdorff L, Goldstone R L. Interdisciplinarity at the journal and specialty level：The changing knowledge bases of the journal Cognitive Science［J］. Journal of the Association for Information Science and Technology, 2014, 65(1)：164 − 177.

［46］Liu G Y, Hu J M, Wang H L. A co − word analysis of digital library field in China ［J］. Scientometrics, 2012, 91(1)：203 − 217.

［47］Liu X, Bollen J, Nelson M L, et al. Co − authorship networks in the digital library research community［J］. Information processing & management, 2005, 41(6)：1462 − 1480.

［48］Ma N, Guan J, Zhao Y. Bringing PageRank to the citation analysis［J］. Information Processing & Management, 2008, 44(2): 800 – 810.

［49］Madsen D, Ho S M. Interdisciplinary practices in iSchools［J］. iConference 2014 Proceedings, 2014.

［50］Max – Neef M A. Foundations of transdisciplinarity［J］. Ecological economics, 2005, 53(1): 5 – 16.

［51］Minka T P. Expectation propagation for approximate Bayesian inference［C］//Proceedings of the Seventeenth conference on Uncertainty in artificial intelligence. Morgan Kaufmann Publishers Inc. , 2001: 362 – 369.

［52］Molas – Gallart J, Tang P, Rafols I. On the relationship between interdisciplinarity and impact: different modalities of interdisciplinarity lead to different types of impact［J］. arXiv preprint arXiv, 2014, 29(2):69 – 89.

［53］Moon T K. The expectation – maximization algorithm［J］. IEEE Signal processing magazine, 1996, 13(6): 47 – 60.

［54］Mryglod O, Holovatch Y, Kenna R, et al. Quantifying the evolution of a scientific topic: reaction of the academic community to the Chornobyl disaster［J］. Scientometrics, 2016, 106(3): 1151 – 1166.

［55］Nallapati R M, Ahmed A, Xing E P, et al. Joint latent topic models for text and citations［C］//Proceedings of the 14th ACM SIGKDD international conference on Knowledge discovery and data mining. ACM, 2008: 542 – 550.

［56］Nanni F, Dietz L, Faralli S, et al. Capturing interdisciplinarity in academic abstracts［J］. D – lib magazine, 2016, 22(9/10).

［57］Newman M E J, Girvan M ,. Finding and evaluating community structure in networks. ［J］. Physical Review E Statistical Nonlinear & Soft Matter Physics, 2004, 69(2 Pt 2):026113 – 026113.

［58］Newman M E J. Modularity and community structure in networks［J］. Proceedings of the national academy of sciences, 2006, 103(23): 8577 – 8582.

［59］Nichols L G. A topic model approach to measuring interdisciplinarity at the National Science Foundation［J］. Scientometrics, 2014, 100(3): 741 – 754.

［60］Page L, Brin S, Motwani R, et al. The PageRank citation ranking: Bringing order to the web［R］. Stanford InfoLab, 1999.

［61］Piatetsky – Shapiro G. Discovery, analysis, and presentation of strong rules［J］. Knowledge discovery in databases, 1991: 229 – 238.

［62］Piepenbrink A, Nurmammadov E. Topics in the literature of transition economies and emerging markets［J］. Scientometrics, 2015, 102(3): 2107 – 2130.

［63］Piwowar H. Altmetrics: Value all research products［J］. Nature, 2013, 493 (7431): 159 – 159.

[64]Porter A L, Cohen A S, Roessner J D, et al. Measuring researcher interdisciplinarity[J]. Scientometrics, 2007, 72(1): 117 – 147.

[65]Radev D R, Muthukrishnan P, Qazvinian V. The ACL anthology network corpus [C]//Proceedings of the 2009 Workshop on Text and Citation Analysis for Scholarly Digital Libraries. Association for Computational Linguistics, 2009: 54 – 61.

[66]Radicchi F, Castellano C, Cecconi F, et al. Defining and identifying communities in networks[J]. Proceedings of the National Academy of Sciences of the United States of America, 2004, 101(9): 2658 – 2663.

[67]Rafols I, Meyer M. Diversity and network coherence as indicators of interdisciplinarity: case studies in bionanoscience[J]. Scientometrics, 2010, 82(2): 263 – 287.

[68]Ramage D, Hall D, Nallapati R, et al. Labeled LDA: A supervised topic model for credit attribution in multi – labeled corpora[C]//Proceedings of the 2009 Conference on Empirical Methods in Natural Language Processing: Volume 1 – Volume 1. Association for Computational Linguistics, 2009: 248 – 256.

[69]Rosen – Zvi M, Chemudugunta C, Griffiths T, et al. Learning author – topic models from text corpora[J]. ACM Transactions on Information Systems, 2010, 28(1): 1 – 38.

[70]Rosen – Zvi M, Griffiths T, Steyvers M, et al. The author – topic model for authors and documents[C]//Proceedings of the 20th conference on Uncertainty in artificial intelligence. AUAI Press, 2004: 487 – 494.

[71]Salton ,G. , & McGill ,M. J. Introduction to modern information retrieval[M]. London :McGraw – Hill ,1983.

[72]Schuetz P, Caflisch A. Multistep greedy algorithm identifies community structure in real – world and computer – generated networks[J]. Physical Review E, 2008, 78(2): 026112.

[73]Skiena S. Dijkstra's algorithm[J]. Implementing Discrete Mathematics: Combinatorics and Graph Theory with Mathematica, Reading, MA: Addison – Wesley, 1990: 225 – 227.

[74]Small H G. A co – citation model of a scientific specialty: A longitudinal study of collagen research[J]. Social studies of science, 1977, 7(2): 139 – 166.

[75]Small H. Tracking and predicting growth areas in science[J]. Scientometrics, 2006, 68(3): 595 – 610.

[76]Song M, Kim S Y. Detecting the knowledge structure of bioinformatics by mining full – text collections[J]. Scientometrics, 2013, 96(1): 183 – 201.

[77]Steele T W, Stier J C. The impact of interdisciplinary research in the environmental sciences: a forestry case study[J]. Journal of the American Society for Information Science, 2000, 51(5): 476 – 484.

[78]Steyvers M, Griffiths T. Probabilistic topic models[J]. Handbook of latent semantic analysis, 2007, 427(7): 424 – 440.

［79］Stirling A. A general framework for analysing diversity in science, technology and society［J］. Journal of the Royal Society Interface, 2007, 4(15): 707 - 719.

［80］Stoyanov V, Cardie C. Topic identification for fine - grained opinion analysis［C］// Proceedings of the 22nd International Conference on Computational Linguistics - Volume 1. Association for Computational Linguistics, 2008: 817 - 824.

［81］Su H N, Lee P C. Mapping knowledge structure by keyword co - occurrence: a first look at journal papers in Technology Foresight［J］. Scientometrics, 2010, 85(1): 65 - 79.

［82］T. Griffiths, M. Steyvers, D. Blei, and J. Tenenbaum. Integrating topics and syntax. In L. K. Saul, Y. Weiss, and L. Bottou, editors, Advances in Neural Information Processing Systems 17［M］. Cambridge MA: MIT Press, 2005:537 - 544.

［83］Tang J, Jin R, Zhang J. A topic modeling approach and its integration into the random walk framework for academic search［C］//2008 Eighth IEEE International Conference on Data Mining. IEEE, 2008: 1055 - 1060.

［84］Sci2 Team. (2009). Science of Science (Sci2) Tool. Indiana University and SciTech Strategies, https://sci2. cns. iu. edu.

［85］Tsai C T, Kundu G, Roth D. Concept - based analysis of scientific literature［C］// Proceedings of the 22nd ACM international conference on Conference on information & knowledge management. ACM, 2013: 1733 - 1738.

［86］Van den Besselaar P, Heimeriks G. Mapping research topics using word - reference co - occurrences: A method and an exploratory case study［J］. Scientometrics, 2006, 68(3): 377 - 393.

［87］Wallach H M, Murray I, Salakhutdinov R, et al. Evaluation methods for topic models［C］//Proceedings of the 26th Annual International Conference on Machine Learning. ACM, 2009: 1105 - 1112.

［88］Wallach H M. Topic modeling: beyond bag - of - words［C］//Proceedings of the 23rd international conference on Machine learning. ACM, 2006: 977 - 984.

［89］Wang H, Deng S, Su X. A study on construction and analysis of discipline knowledge structure of Chinese LIS based on CSSCI［J］. Scientometrics, 2016, 109(3): 1725 - 1759.

［90］Wang L, Notten A, Surpatean A. Interdisciplinarity of nano research fields: a keyword mining approach［J］. Scientometrics, 2013, 94(3): 877 - 892.

［91］Web of Science［DB/OL］. [2015 - 10 - 15]. http://www. webofknowledge. com.

［92］White H D, Griffith B C. Author cocitation: A literature measure of intellectual structure［J］. Journal of the Association for Information Science and Technology, 1981, 32(3): 163 - 171.

［93］Xu H, Guo T, Yue Z, et al. Interdisciplinary topics of information science: a study based on the terms interdisciplinarity index series［J］. Scientometrics, 2016, 106(2): 583 -

601.

［94］Teh,Y Jordan,M Beal,M et al. Hierarchical Dirichlet processes［J］. Journal of the American Statistical Association,2006,101(476):1566 – 1581.

［95］Yan E, Ding Y, Milojević S, et al. Topics in dynamic research communities:An exploratory study for the field of information retrieval［J］. Journal of Informetrics, 2012, 6 (1):140 – 153.

［96］Yan E, Ding Y. Discovering author impact:A PageRank perspective［J］. Information processing & management, 2011, 47(1):125 – 134.

［97］Yan E. Research dynamics, impact, and dissemination:A topic‐level analysis ［J］. Journal of the Association for Information Science and Technology, 2015, 66(11):2357 – 2372.

［98］Yan E. Topic‐based Pagerank:toward a topic‐level scientific evaluation［J］. Scientometrics, 2014, 100(2):407 – 437.

［99］Yu G, Wang M Y, Yu D R. Characterizing knowledge diffusion of Nanoscience & Nanotechnology by citation analysis［J］. Scientometrics, 2010, 84(1):81 – 97.

［100］Zhao D, Strotmann A. Author bibliographic coupling:Another approach to citation‐based author knowledge network analysis［J］. Proceedings of the Association for Information Science and Technology, 2008, 45(1):1 – 10.

中 文 参 考 文 献

［1］代君, 叶艳. 跨学科行动计划下的合作演进特征测度:以 TREC1 为例［J］. 图书情报知识, 2014, 6:012.

［2］任柯, 黄智兴, 邱玉辉. 基于主题模型的跨学科协作文献推荐［J］. 计算机科学, 2012, 39(9):235 – 239.

［3］关鹏, 王曰芬, 傅柱. 不同语料下基于 LDA 主题模型的科学文献主题抽取效果分析［J］. 图书情报工作, 2016, 60(2):112 – 121.

［4］冯璐, 冷伏海. 共词分析方法理论进展［J］. 中国图书馆学报, 2006, 32 (2):88 – 92.

［5］冯雪梅, 邓小昭. 论情报学的相关学科及发展［J］. 情报杂志, 2008, 27 (2):96 – 98.

［6］刘仲林. 交叉科学时代的交叉研究［J］. 科学学研究, 1993, (2):11 – 18.

［7］刘仲林. 现代交叉科学［M］. 杭州:浙江教育出版社, 1998.

［8］刘小宝, 刘仲林. 跨学科研究前沿理论动态:学术背景和理论焦点［J］. 浙江大学学报:人文社会科学版, 2012, 42(6):16 – 26.

［9］刘瑞兴. 图书馆学期刊的论文作者合作度［J］. 图书情报工作, 1991, 35(1):24 – 26.

[10]叶红波. 跨学科研究的兴起及其基本形式[J]. 工业技术经济, 1995 (6): 166 -167.

[11]吴光远, 何丕廉, 曹桂宏, 等. 基于向量空间模型的词共现研究及其在文本分类中的应用[J]. 计算机应用, 2003 (z1): 138 -140.

[12]和晋飞, 房俊民. 一个跨学科性测度指标: 作者专业度[J]. 情报理论与实践, 2015,38(5)5:42 -45 +41.

[13]孙江浩. 特定领域词聚类的研究及用 MDL 原理对词聚类的研究[D]. 北京:北京邮电大学, 2003.

[14]孙海生. 情报学跨学科知识引用实证研究[J]. 情报杂志, 2013, 32(7): 113 -118.

[15]宋爽. 共现分析在文本知识挖掘中的应用研究 [D]. 南京:南京理工大学, 2006.

[16]张宝生, 张庆普. 基于耗散结构理论的跨学科科研团队知识整合机理研究[J]. 科技进步与对策, 2014, 31(21): 132 -136.

[17]张德禄, 秦双华. 马丁论跨学科性[J]. 当代外语研究, 2010, 6: 13 -16.

[18]张新平. 教育管理学的学科关联探析[J]. 教育理论与实践, 2007, 27(2): 21 -24.

[19]张炜, 邹晓东, 陈劲. 基于跨学科的新型大学学术组织模式构造[J]. 科学学研究, 2002, 20(4): 362 -366.

[20]张金松, 陈燕, 刘晓钟. 基于主题模型的文献引用贡献分析[J]. 图书情报工作, 2013, 57(04): 120 -124,137.

[21]徐仕敏. 知识流动的效率与知识产权制度[J]. 情报杂志, 2001, 20(9): 9 -10.

[22]徐戈, 王厚峰. 自然语言处理中主题模型的发展[J]. 计算机学报, 2011, 34(8): 1423 -1436.

[23]徐飞. 论科学方法的跨学科运用[J]. 科学技术与辩证法, 1996, 13(6): 24 -29.

[24]文洪朝. 跨学科研究:当今科学发展的显著特征[J]. 西北工业大学学报: 社会科学版, 2007, 27(2): 12 -16.

[25]斯坦利, 沃瑟曼, 凯瑟琳, 等. 社会网络分析:方法与应用[M]. 2012, 北京: 中国人民大学出版社

[26]易佳. 高校跨学科科研评价方法新探[J]. 现代情报, 2010, 30(2): 15 -17.

[27]易明, 毛进, 曹高辉, 等. 互联网知识传播网络结构计量研究[J]. 情报学报, 2013, 32(1): 44 -57.

[28]李春景, 刘仲林. 现代科学发展学科交叉模式探析:一种学科交叉模式的分析框架[J]. 科学学研究, 2004, 22(3): 244 -248.

[29]李春景, 刘仲林. 跨学科研究规律的实证分析[J]. 科学技术与辩证法, 2004,

21（2）：75 – 78.

[30]李江."跨学科性"的概念框架与测度[J].图书情报知识,2014（3）：87 – 93.

[31]李长玲,刘非凡,郭凤娇.运用重叠社群可视化软件 CFinder 分析学科交叉研究主题:以情报学和计算机科学为例[J].图书情报工作,2013（07）：75 – 80.

[32]李长玲,郭凤娇,支岭.基于 SNA 的学科交叉研究主题分析:以情报学与计算机科学为例[J].情报科学,2014,32（12）：61 – 66.

[33]杜俊民.试论学科与跨学科的统一[J].科学技术与辩证法,2000,17（4）：56 – 59.

[34]杨祖国,李秋实.中国情报学期刊论文篇名词统计与分析[J].情报科学,2000,18（9）：820 – 821.

[35]杨良斌,金碧辉.跨学科测度指标体系的构建研究[J].情报杂志,2009（7）：65 – 69.

[36]杨良斌.跨学科视角下研究领域的发展状态分析[J].图书情报工作,2012,56（04）：41 – 46.

[37]林聚任.社会网络分析:理论、方法与应用[M].北京:北京师范大学出版社,2009.

[38]柳洲,陈士俊,张颖.跨学科科研团队建设初探[J].科技管理研究,2006,26（11）：137 – 139.

[39]柳洲,陈士俊,王洁.论跨学科创新团队的异质性知识耦合[J].科学学与科学技术管理,2008,29（6）：188 – 191.

[40]毛进.主题科研社群的识别与演化研究[D].武汉:武汉大学,2015.

[41]温有奎.基于"知识元"的知识组织与检索[J].计算机工程与应用,2005,1：55 – 57.

[42]王亮,张庆普,于光,等.基于引文网络的知识扩散速度测度研究[J].情报学报,2014,33（1）：33 – 44.

[43]王旻霞,赵丙军.中国图书情报学跨学科知识交流特征研究:基于 CCD 数据库的分析[J].情报理论与实践,2015,38（5）：94 – 99.

[44]王晓红,金子祺,姜华.跨学科团队的知识创新及其演化特征:基于创新单元和创新个体的双重视角[J].科学学研究,2013,31（5）：732 – 741.

[45]王续琨,常东旭.远缘跨学科研究与交叉科学的发展[J].浙江社会科学,2009（1）：16 – 21.

[46]王续琨.交叉学科,交叉科学及其在科学体系中的地位[J].自然辩证法研究,2000,16（1）：43 – 47.

[47]王鉴辉.数字图书馆基本理论研究初探[J].中国图书馆学报,2002,28（2）：51 – 53.

[48]祖弦,谢飞.LDA 主题模型研究综述[J].合肥师范学院学报,2015（2015 年06）：55 – 58,61.

[49]祝娜,王效岳,杨京,等.基于 LDA 的科技创新主题语义识别研究[J].图书情报工作,2015(14):126-134.

[50]程莹,刘念才.SCIE,SSCI 期刊跨学科现象的定量分析[J].情报科学,2005,23(2):237-240.

[51]罗式胜.篇名关键词链特征的统计分析及应用[J].中国图书馆学报,1995(1):27-29.

[52]范云满,马建霞.基于 LDA 与新兴主题特征分析的新兴主题探测研究[J].情报学报,2014,33(7):698-711.

[53]萨缪尔森,诺德豪斯.经济学[M].北京:人民邮电出版社,2007

[54]蔡璐.基于引文分析法的学科关联分析[D].上海师范大学,2011.

[55]赵丙军,司虎克,王兴.体育跨学科知识流动特征研究-基于中国引文数据库(CCD)的分析[J].2011.

[56]赵晓春.现代科学跨学科研究的模式探析[J].中国科技论坛,2008(11):89-92.

[57]赵焕洲,唐爱民.对两种知识组织系统:叙词表与 Ontology 的比较研究[J].情报理论与实践,2005,28(5):469-471.

[58]赵红洲.论交叉科学的二重性[J].科学学研究,1997,15(1):3-11.

[59]赵红洲.论科学结构[J].中州学刊,1981(03):59-65.

[60]邱均平,李爱群.我国期刊评价的理论、实践与发展趋势[J].数字图书馆论坛,2007,3:1-8.

[61]邱均平,楼雯.基于共现分析的语义信息检索研究[J].中国图书馆学报,2012(6):89-99.

[62]邱均平.信息计量学[M].武汉:武汉大学出版社,2007.

[63]邵作运,李秀霞.基于引文耦合和概念格的学科交叉知识结构探测[J].图书情报工作,2015,59(8):78-86.

[64]郭强.跨学科和超学科研究[J].国际学术动态,2012(2):27-31.

[65]陈宪宇.跨学科复合型电子商务人才培养模式探索[J].商场现代化,2011(6):109-110.

[66]陈柏彤,张斌.科学知识扩散研究框架[J].图书情报工作,2014,58(15):48-57.

[67]陈英和,张淳俊.基于跨学科概念图的跨学科知识整合模型[J].北京师范大学学报:社会科学版,2010(1):37-44.

[68]陈雅兰,戴顺治,郑琳琳,等.原始性创新中的创新技法研究[J].科学学研究,2015(4):481-489.

[69]魏建香,孙越泓,苏新宁.学科交叉知识挖掘模型研究[J].情报理论与实践,2012,35(4):76-80.

[70]黄昌宁,赵海.中文分词十年回顾[J].中文信息学报,2007,21(3):8-19.

［71］文庭孝，陈书华，王丙炎，等. 不同学科视野下的知识计量研究［J］. 情报理论与实践，2008，31（5）：654－658.

［72］方卿. 论网络环境下非正式交流的复兴［J］. 情报理论与实践，2002，25（4）：258－261.

［73］杜冰. 知识测量的层次问题［J］. 情报杂志，1993，12（2）：21－24.

［74］吴海峰，孙一鸣. 引文网络的研究现状及其发展综述［J］. 计算机应用与软件，2012，29（2）：164－168.

［75］邱均平，陈晓宇，何文静. 科研人员论文引用动机及相互影响关系研究［J］. 图书情报工作，2015（9）：36－44.

［76］李春景，刘仲林. 跨学科研究规律的实证分析［J］. 科学技术与辩证法，2004，21（2）：75－78.